Hammer · Knauth · Kühnel

physik

Mechanik Additum

Drehbewegung des starren Körpers

LEHR- UND ARBEITSBUCH
für die
11. JAHRGANGSSTUFE

Bearbeitet von
ANTON HAMMER
KARL HAMMER
HERBERT KNAUTH
SIEGFRIED KÜHNEL
GERLINDE LACKNER-RONGE

Oldenbourg

Vorwort

Das vorliegende Additum „Drehbewegung des starren Körpers" ist nach dem neuen Lehrplan Physik für die Jahrgangsstufe 11 der mathematisch-naturwissenschaftlichen Gymnasien verfaßt. Es schließt unmittelbar an das Fundamentum an. Deshalb sind auch die Abschnitte fortlaufend numeriert.

Diejenigen Abschnitte, die vom verbindlichen Teil des Lehrplans nicht zwingend vorgeschrieben sind, sind mit einem Stern gekennzeichnet.

Die SI-Einheiten werden entsprechend den internationalen Vereinbarungen und deutschen Normen, insbesondere der für den Unterricht zusammengestellten Norm DIN 58122, verwendet.

Im Juli 1986   Die Verfasser

© 1986 R. Oldenbourg Verlag GmbH, München

Alle Rechte vorbehalten.

1. Auflage 1986
Unveränderter Nachdruck   90 89 88 87 86
Die letzte Ziffer bezeichnet lediglich das Jahr des Drucks.

Satz: Tutte Druckerei GmbH, Salzweg-Passau
Druck und Bindearbeiten: R. Oldenbourg, Graph. Betriebe GmbH, München

ISBN 3-486-88292-9

Inhaltsverzeichnis

Drehbewegung des starren Körpers

12 Drehbewegung eines starren Körpers um eine feste Achse 5
12.1 Starrer Körper als Idealisierung des festen Körpers 5
12.2 Drehung mit konstanter Winkelgeschwindigkeit 5
12.3 Mittlere und momentane Winkelgeschwindigkeit 7
12.4 Drehung mit konstanter Winkelbeschleunigung 8
12.5 Rollbewegung 10

13 Grundgesetz der Drehbewegung 12
13.1 Zusammenhang zwischen Drehmoment und Winkelbeschleunigung. 12
13.2 Grundgesetz der Drehbewegung; Trägheitsmoment 15

**14 Arbeit und Energie bei der Drehung eines
     starren Körpers** 20
14.1 Arbeit bei der Drehung um eine feste Achse 20
14.2 Beschleunigungsarbeit bei der Drehung; Rotationsenergie 21
14.3 Energieerhaltungssatz der Mechanik bei der Drehung
      eines starren Körpers 22
14.4 Drehschwingungen 23

15 Drehimpuls und Drehimpulserhaltungssatz 26
15.1 Erhaltung des Drehimpulses eines Körpers. 26
15.2 Erhaltung des Drehimpulses in einem abgeschlossenen
      System von zwei Körpern mit gemeinsamer Drehachse 27
15.3 Drehimpulsänderung und Drehmoment 29
*15.4 Winkelgeschwindigkeit und Drehimpuls als Vektoren 30
*15.5 Erhaltung des Drehimpulsvektors bei einem Körper 31
*15.6 Erhaltung des Drehimpulsvektors bei zwei Körpern. 32
*15.7 Änderung des Drehimpulsvektors; Drehmomentvektor 33
*15.8 Kreiselkompaß 37

Drehbewegung des starren Körpers

Tandem-Hubschrauber
Der Tandem-Hubschrauber hat zwei gleiche Rotoren mit entgegengesetztem Drehsinn. Die Drehimpulse der beiden Rotoren heben sich gegenseitig auf, so daß die Bewegung des Rumpfes durch die Drehung der Rotoren nicht gestört wird.

12 Drehbewegung eines starren Körpers um eine feste Achse

12.1 Starrer Körper als Idealisierung des festen Körpers

Feste Körper können durch Kräfte verformt werden. Eine *elastische* Formänderung geht, wenn die Kraftwirkung beendet ist, wieder vollkommen zurück; eine *plastische* Formänderung bleibt dagegen bestehen. Bei *realen* Festkörpern lassen sich irgendwelche Verformungen nie ganz vermeiden; wenn sie auch häufig – bei nicht allzu großen Kräften – vernachlässigbar klein sind. Im *Idealfall* kann man sich einen Festkörper vorstellen, bei dem überhaupt keine Verformungen auftreten. Einen solchen Körper bezeichnet man als *starr*.

Bei einem starren Körper bleibt trotz Krafteinwirkung die gegenseitige Lage aller Teile des Körpers unverändert.

12.2 Drehung mit konstanter Winkelgeschwindigkeit

Dreht sich ein starrer Körper, z. B. eine Kreisscheibe (B 1), um eine feste Achse, so beschreiben alle Teilchen des Körpers Kreisbögen, deren Radien gleich den Abständen dieser Teilchen von der Drehachse sind. Die äußeren Teilchen laufen rascher auf ihren Kreisbahnen als die inneren. Dabei *drehen sich* aber *alle Teilchen um den gleichen Winkel* φ, da sie starr miteinander verbunden sind.

a)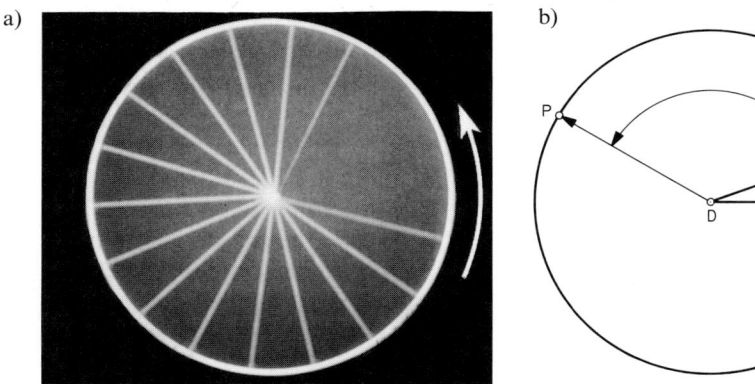
b)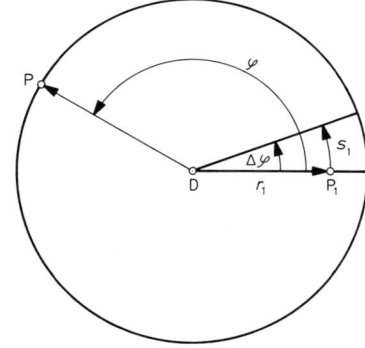

B 1 Drehung einer Kreisscheibe um eine feste Achse D:
   a) Stroboskopische Registrierung einer Drehung mit konstanter Winkelgeschwindigkeit; es rotiert eine schwarze Scheibe mit einem weiß markierten Radius; Blitzfrequenz 10 Hz.
   b) $\overrightarrow{DP}$ überstreicht in gleichen Zeitabschnitten gleiche Drehwinkel.
      Jedes Teilchen der Scheibe macht eine Kreisbewegung mit dem zugehörigen Radius; z. B. legt der Punkt P_1 mit dem Radius r_1 den Weg s_1 zurück.

Die Stellung des rotierenden Körpers zur Zeit t wird durch den Drehwinkel $\varphi(t)$ eindeutig festgelegt. Dabei ist $\varphi(t)$ der Winkel, den ein mit dem Körper fest verbundener Schenkel zur Zeit t mit der Stellung dieses Schenkels zur Zeit $t_0 = 0$ einschließt.

Der Drehwinkel $\varphi(t)$ hat hier dieselbe Bedeutung wie bei der Kreisbewegung eines punktförmigen Körpers (s. 7.1.1). Wie dort gilt deshalb auch für einen starren Körper, der mit *konstanter Winkelgeschwindigkeit* ω rotiert:

$$\boxed{\omega = \frac{\Delta\varphi}{\Delta t} = \frac{\varphi}{t}} \qquad (G\,1)$$

Die SI-Einheit der Winkelgeschwindigkeit ist 1 rad s^{-1}.

Bei der Angabe von *bestimmten Werten* von ω soll nur diese SI-Einheit verwendet werden. Bei *Rechnungen* kann wegen 1 rad $= 1\,\dfrac{\text{m}}{\text{m}} = 1$ die Einheit rad auch durch 1 ersetzt werden.

Wenn im folgenden nichts anderes angegeben wird, bedeuten φ und ω positive Größen.

Wir können die Winkelgeschwindigkeit ω wieder durch die *Frequenz f* und die *Umlaufdauer* $T = \dfrac{1}{f}$ ausdrücken:

$$\boxed{\omega = \frac{2\pi}{T} = 2\pi f} \qquad (G\,2)$$

In G 2 ist wie früher in G 5 von 7.1.1 der Vollwinkel 2π rad $= 2\pi \cdot 1 = 2\pi$ gesetzt.

Ein Teilchen des starren Körpers im Abstand r_i von der Drehachse legt in der Zeit t auf seiner Kreisbahn den Weg s_i zurück; es ist:

$$s_i = r_i \varphi = r_i \omega t$$

Mit der Bahngeschwindigkeit v_i kann man auch schreiben:

$$s_i = v_i t$$

Aus den beiden Gleichungen folgt:

$$\boxed{v_i = r_i \omega} \qquad (G\,3)$$

Bei *Berechnung* bestimmter Werte von v_i aus G 3 wird z. B. wieder 1 rad = 1 gesetzt. Wie wir bei der *geradlinigen Bewegung* vom Vektorcharakter der Geschwindigkeit v absehen konnten, ist dies auch bei der Winkelgeschwindigkeit ω möglich, solange die *Drehung um eine feste Achse* erfolgt.

Beispiel: Dem Bild B 1a ist zu entnehmen, daß in jedem Zeitintervall $\Delta t = 0{,}10$ s die Änderung des Drehwinkels konstant $\Delta\varphi = 0{,}35$ rad ist. Aus G 1 folgt $\omega = 3{,}5$ rad s^{-1}. In der Zeit t dreht sich demnach die Scheibe um den Winkel $\varphi = 3{,}5$ rad s$^{-1} \cdot t$.
Ferner ergibt sich aus G 2 die Frequenz $f = 0{,}56$ Hz und die Umlaufdauer $T = 1{,}8$ s.
B 2 zeigt das t-φ-Diagramm und das t-ω-Diagramm der registrierten Drehung.

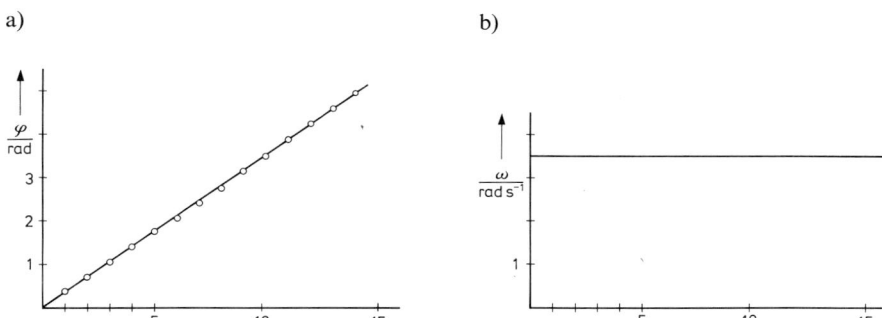

B 2 Diagramme zu der in B 1 a registrierten Bewegung
 a) t-φ-Diagramm, b) t-ω-Diagramm

12.3 Mittlere und momentane Winkelgeschwindigkeit

Ändert sich die Winkelgeschwindigkeit ω mit der Zeit t, so müssen wir zwischen *mittlerer und momentaner Winkelgeschwindigkeit unterscheiden*. Wir definieren deshalb entsprechend der Gleichung G 3 von 1.2 als *mittlere Winkelgeschwindigkeit* $\overline{\omega}$:

$$\boxed{\overline{\omega} = \frac{\Delta \varphi}{\Delta t}} \qquad (G\ 4) \qquad \text{Definition von } \overline{\omega}$$

Als *momentane Winkelgeschwindigkeit* ω für jeden Zeitpunkt t definieren wir:

$$\boxed{\omega(t) = \lim_{\Delta t \to 0} \frac{\varphi(t+\Delta t) - \varphi(t)}{\Delta t} = \dot{\varphi}(t)} \qquad (G\ 5) \qquad \text{Definition von } \omega$$

Spricht man kurz von der Winkelgeschwindigkeit, so meint man damit die momentane Winkelgeschwindigkeit.

Vergleichen wir das bis jetzt über die Drehbewegung eines starren Körpers um eine feste Achse Gesagte mit den Ausführungen in 1.1 und 1.2 über die geradlinige Bewegung eines punktförmigen Körpers, so stellen wir fest:

Der Drehwinkel φ entspricht der Ortskoordinate x; die Winkelgeschwindigkeit ω entspricht der Geschwindigkeit v. Man nennt φ und x bzw. ω und v analoge [1] Größen.

---

[1] an*a*logos (griech.) entsprechend

12.4 Drehung mit konstanter Winkelbeschleunigung

Zur Beschreibung von Drehungen mit zeitabhängiger Winkelgeschwindigkeit $\omega(t)$ führt man die *Winkelbeschleunigung* α ein.
Wir beschränken uns auf Drehbewegungen mit *konstanter Winkelbeschleunigung* α, so wie wir in 1.2 nur geradlinige Bewegungen mit konstanter Beschleunigung a betrachtet haben. Entsprechend zu G 6a von 1.2 definieren wir als *konstante Winkelbeschleunigung* α:

$$\boxed{\alpha = \frac{\Delta\omega}{\Delta t}} \qquad (G\,6) \qquad \textbf{Definition von } \alpha$$

$$\alpha(t) = \lim_{\Delta \to 0} \frac{\omega(t+\Delta t) - \omega(t)}{\Delta t} = \dot{\omega}(t)$$

$\Delta\omega$ und α haben stets gleiches Vorzeichen, da $\Delta t > 0$ ist.
G 6 enthält folgenden Sonderfall:
Für $\omega_1 = \omega(0) = 0$ und $\omega_2 = \omega(t) = \omega$ gilt:

$$\boxed{\alpha = \frac{\omega}{t}} \qquad (G\,6a)$$

Vergleich mit der geradlinigen Bewegung!

Die SI-Einheit der Winkelbeschleunigung ist 1 rad s^{-2}.

Bei *Rechnungen* kann auch hier die Einheit rad durch 1 ersetzt werden.

Kennt man den Drehwinkel φ als Funktion der Zeit t, so kann man mit Hilfe von G 5 die Winkelgeschwindigkeit und von G 6 die Winkelbeschleunigung α für jeden Zeitpunkt t ermitteln. Das t-φ-Diagramm spielt bei der Drehung dieselbe Rolle wie das t-x-Diagramm bei der geradlinigen Bewegung. Aus ihm kann man das t-ω-Diagramm folgern und die konstante Winkelbeschleunigung α der Geradensteigung entnehmen.
Wie in 1.2 für die geradlinige Bewegung, so erhalten wir für die Drehung eines starren Körpers um eine feste Achse bei konstanter Winkelbeschleunigung, $\varphi(0) = 0$ und $\omega(0) = 0$ folgende drei *Bewegungsgleichungen*:

$$\boxed{\varphi(t) = \tfrac{1}{2}\alpha t^2} \qquad (G\,7)$$

$$\boxed{\omega(t) = \dot{\varphi}(t) = \alpha t} \qquad (G\,8)$$

$$\boxed{\omega^2(\varphi) = 2\alpha\varphi} \qquad (G\,9)$$

Die beschleunigte Drehbewegung eines Körpers kann mit dem Meßorgan M, dem Bewegungsmeßwandler MW und einem Schreiber aufgezeichnet werden. Dazu wird ein dünner Seidenfaden in die Nut einer Scheibe des Drehsystems eingelegt, über das Löcherrad des Meßorgans geführt und mit einem kleinen Gewichtstück in Bewegung versetzt (B 3).

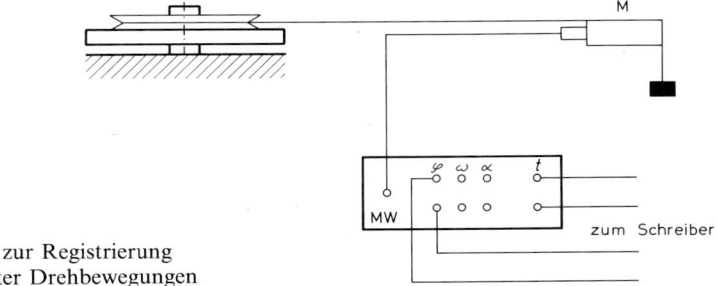

B 3 Anordnung zur Registrierung
beschleunigter Drehbewegungen

Entsprechend zu 1.2.6 erhält man für die Drehbewegung eines starren Körpers um eine raumfeste Achse bei konstanter Winkelbeschleunigung mit der Anfangswinkelgeschwindigkeit ω_0 die Bewegungsgleichungen:

$$\boxed{\varphi(t) = \tfrac{1}{2}\alpha t^2 + \omega_0 t} \qquad \text{(G 10)}$$

$$\boxed{\omega(t) = \dot{\varphi}(t) = \alpha t + \omega_0} \qquad \text{(G 11)}$$

$$\boxed{\omega^2(\varphi) - \omega_0^2 = 2\alpha\varphi} \qquad \text{(G 12)}$$

Ein Teilchen des starren Körpers im Abstand r_i von der Drehachse hat nach G 3 auf seiner Kreisbahn die Geschwindigkeit $v_i = r_i\omega$. Daraus folgt für die Bahnbeschleunigung $a_i = \dfrac{v_i}{t} = \dfrac{r_i\omega}{t} = r_i\alpha$.

Also gilt:

$$\boxed{a_i = r_i\alpha} \qquad \text{(G 13)}$$

Analogie:

Geradlinige Bewegung		Drehbewegung	
Ortskoordinate	x	Drehwinkel	φ
Geschwindigkeit	$v = \dot{x}$	Winkelgeschwindigkeit	$\omega = \dot{\varphi}$
Beschleunigung	$a = \dot{v} = \ddot{x}$	Winkelbeschleunigung	$\alpha = \dot{\omega} = \ddot{\varphi}$
Bewegungsgleichungen:		Bewegungsgleichungen:	
Für $a =$ const:	$x = \dfrac{a}{2}t^2 + v_0 t$	Für $\alpha =$ const:	$\varphi = \dfrac{\alpha}{2}t^2 + \omega_0 t$
	$v = at + v_0$		$\omega = \alpha t + \omega_0$
	$v^2 - v_0^2 = 2ax$		$\omega^2 - \omega_0^2 = 2\alpha\varphi$

12.5 Rollbewegung

Die Rollbewegung stellt eine Kombination von Drehbewegung und fortschreitender Bewegung dar. Rollt ein Rad auf einer Ebene, so ist die Drehachse zwar noch in bezug auf das Rad fest, jedoch nicht mehr in bezug auf die Ebene. Rollt das Rad ohne zu gleiten, so besteht ein einfacher Zusammenhang zwischen der Geschwindigkeit v der Achse und der Winkelgeschwindigkeit ω des rollenden Rades. B 4 zeigt, daß die Achse sich geradlinig um Δx längs der Ebene fortbewegt, während das Rad längs des Weges $\Delta s = r\Delta\varphi$ auf der Ebene abrollt.
Aus $\Delta x = \Delta s$ folgt:

$$\frac{\Delta x}{\Delta t} = r\frac{\Delta \varphi}{\Delta t}$$

$$\boxed{v = r\omega} \qquad \text{(G 14)}$$

Diese Gleichung gibt den Zusammenhang von v, ω und r beim Rollen an (Rollbedingung).

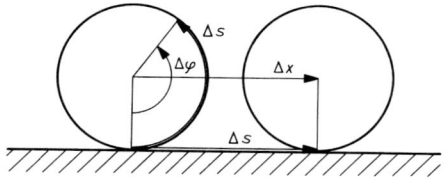

B 4 Rollbewegung eines Rades und fortschreitende Bewegung der Achse

Aufgaben zu 12

1. Der Anker eines kleinen Elektromotors braucht 1,50 s, um aus dem Stillstand bei konstanter Winkelbeschleunigung eine Frequenz von $8{,}50 \cdot 10^3$ Umdrehungen pro Minute zu erreichen. Wie groß ist die Winkelbeschleunigung des Ankers?

(593 rad s^{-2})

2. Welche Zeit vergeht bis zum Stillstand eines Rades, das von einer Winkelgeschwindigkeit von 25 rad s^{-1} ausgehend, bei konstant verzögerter Drehung bis zum Stillstand noch 70 Umdrehungen macht?

(35 s)

3. Ein Rad vom Durchmesser 1,50 m erfährt aus der Ruhe heraus eine konstante Winkelbeschleunigung, so daß die Frequenz in den ersten 10,0 s gleichmäßig auf 120 Umdrehungen pro Minute steigt.
3.1 Berechnen Sie die Winkelbeschleunigung!

3.2 Wie lange dauert es bei gleichbleibender Winkelbeschleunigung, bis die Frequenz von 120 Umdrehungen pro Minute auf 360 Umdrehungen pro Minute gestiegen ist?
3.3 Welchen Weg legt ein Randpunkt des Rades in den Zeitabschnitten der Teilaufgaben 3.1 und 3.2 zurück?

(1,26 rad s^{-2};   20,0 s;   47,1 m;   377 m)

4. Ein Auto fährt aus der Ruhe heraus mit der (linearen) Beschleunigung 1,00 m s^{-2} an.
4.1 Nach welcher Zeit hat ein Rad, dessen Radius 400 mm beträgt, jeweils eine, zwei, drei bzw. vier volle Umdrehungen gemacht?
4.2 Welche mittleren Winkelgeschwindigkeiten treten bei jeder der ersten vier vollen Umdrehungen auf?

(2,24 s;   3,17 s;   3,88 s;   4,48 s;   2,80 rad s^{-1};   6,76 rad s^{-1};
8,82 rad s^{-1};   10,5 rad s^{-1})

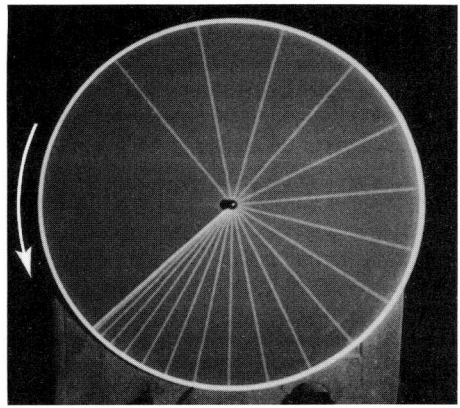

B 5 Zu Aufgabe 5;
im Bild fallen die ersten beiden registrierten Fahrstrahlen nahezu zusammen.

5. Die Drehung einer Kreisscheibe wurde mit der Blitzfrequenz 5,0 Hz stroboskopisch registriert (B 5).
5.1 Zeichnen Sie das t-φ- und das t-ω-Diagramm!
5.2 Zeigen Sie, daß die Winkelbeschleunigung konstant ist! Wie groß ist Sie?

(0,65 rad s^{-2})

6. Ein Körper dreht sich mit konstanter Winkelbeschleunigung auf einem Kreis von 6,00 m Durchmesser. Die Frequenz steigt von 120 Umdrehungen pro Minute gleichmäßig in 15,0 s auf 150 Umdrehungen pro Minute. Welchen Weg legt der Körper in diesen 15,0 s zurück?

(636 m)

13 Grundgesetz der Drehbewegung

13.1 Zusammenhang zwischen Drehmoment und Winkelbeschleunigung

Ein starrer Körper sei um eine feste Achse drehbar gelagert und zunächst in Ruhe. Soll der Körper in eine Drehbewegung versetzt werden, so ist dabei nicht nur die wirkende Kraft $\vec{F}$ maßgebend, sondern auch der Abstand der Wirkungslinie der Kraft von der Drehachse. Man nennt diesen Abstand den Kraftarm l (B 1). Das Zusammenwirken von Kraft und Kraftarm kann man durch das *Drehmoment* der Kraft erfassen. Wir haben dieses bereits in der Mittelstufe beim Hebelgesetz kennengelernt:

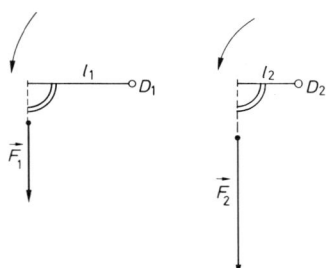

B 1   Zwei Drehmomente gleichen Betrags
$F_1 l_1 = F_2 l_2$

Drehmoment = Kraftbetrag · Kraftarm

$$M = Fl \qquad (G\,1)$$ **Definition von M**

Die SI-Einheit des Drehmoments ist 1 N m.

Für die Behandlung der Drehung eines starren Körpers um eine feste Achse reicht diese elementare Definition des Drehmomentes M aus. In allgemeinen Fällen, z. B. bei veränderlicher Drehachse, muß man das Drehmoment als Vektor einführen (s. 15.7). Das Drehmoment M hat zwar dieselbe SI-Einheit wie die Arbeit W, ist aber begrifflich etwas anderes. Der Zusammenhang zwischen Drehmoment und Arbeit wird in 14.1 behandelt.

Für Versuche mit Drehmomenten verwenden wir die Anordnung von B 2 (oder die von B 3 in 12.4, die man durch eine zweite Scheibe ergänzt): Zwei fest miteinander verbundene Kreisscheiben können sich um eine gemeinsame Achse drehen. Je nachdem man eine Schnur um den Umfang der großen oder der kleinen Scheibe wickelt, entsteht durch die Gewichtskraft eines angehängten Körpers ein Drehmoment mit großem oder kleinem Kraftarm.

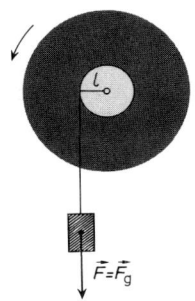

B 2   Anordnung zu Versuchen mit Drehmomenten

1. Versuch:

Wir überzeugen uns, daß für den Ablauf von Drehbewegungen nicht Kräfte, sondern Drehmomente maßgebend sind.
Durch Anhängen entsprechend gewählter Körper stellen wir nacheinander mit Hilfe der großen und der kleinen Scheibe zwei Drehmomente gleichen Betrags her. Lassen wir zuerst das eine, dann das andere Drehmoment wirken, so messen wir beidemal dieselbe Zeit für dieselbe Zahl von Umdrehungen.
Drehmomente, nicht Kräfte, bestimmen also den Ablauf von Drehbewegungen.

2. Versuch:

Wir ermitteln die Zeit-Drehwinkel-Funktion für den Fall, daß ein *konstantes Drehmoment* den starren Körper um eine feste Achse in Drehung versetzt.

Wir lassen z. B. das Drehmoment $M = 8{,}0 \cdot 10^{-3}$ N m wirken und messen die Zeiten für 1, 2, 3 und 4 Umdrehungen. Dabei erhalten wir folgende Meßwerte:

$\dfrac{\varphi}{\text{rad}}$	2π	4π	6π	8π
$\dfrac{t}{\text{s}}$	2,1	3,0	3,6	4,2

Daraus berechnen wir t^2 und $\alpha = \dfrac{2\varphi}{t^2}$:

$\dfrac{t^2}{\text{s}^2}$	4,4	9,0	13	18
$\dfrac{\alpha}{\text{rad s}^{-2}}$	2,8	2,8	2,9	2,8

Wir erkennen: Der Drehwinkel φ wächst direkt proportional zu t^2.
Es handelt sich um eine Drehbewegung mit konstanter Winkelbeschleunigung $\alpha = 2{,}8$ rad s^{-2}.

Der 2. Versuch zeigt: α = const

Ein konstantes Drehmoment bewirkt eine konstante Winkelbeschleunigung.

3. Versuch:

Man wird erwarten, daß bei unveränderter Anordnung (gleicher Körper, gleiche Achse) die Winkelbeschleunigung α mit dem Drehmoment M wächst. Um α als Funktion von M zu bestimmen, machen wir mit der Anordnung von B 2 folgenden *Versuch*:

Wir verändern das Drehmoment M und messen die Zeit t für jeweils 3 Umdrehungen (Drehwinkel $\varphi = 6\pi$ rad). Die Meßwerte für M, φ und t sind in der Tabelle zusammengestellt. Diese enthält außerdem die aus $\alpha = \dfrac{2\varphi}{t^2}$ und $\dfrac{M}{\alpha}$ berechneten Werte.

gemessen			berechnet	
$\dfrac{M}{10^{-3}\,\text{N m}}$	$\dfrac{\varphi}{\text{rad}}$	$\dfrac{t}{\text{s}}$	$\dfrac{\alpha}{\text{rad s}^{-2}}$	$\dfrac{M/\alpha}{10^{-3}\,\text{N m rad}^{-1}\,\text{s}^2}$
6,0	6π	4,2	2,1	2,8
9,0	6π	3,4	3,3	2,8
12	6π	3,0	4,2	2,9
15	6π	2,7	5,2	2,9
18	6π	2,4	6,5	2,8

Der Quotient $\dfrac{M}{\alpha}$ hat annähernd den konstanten Wert $2{,}8 \cdot 10^{-3}$ N m rad^{-1} s^2. Siehe dazu B 3!

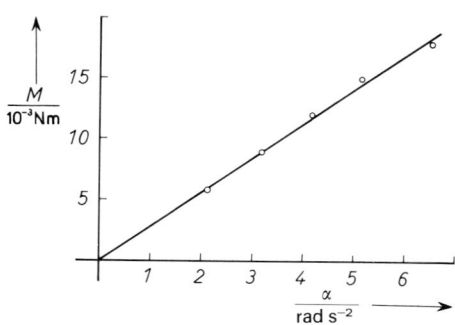

B 3 Zusammenhang zwischen Drehmoment M und Winkelbeschleunigung α

Der 3. Versuch zeigt:

Die erzielte Winkelbeschleunigung α ist direkt proportional zum beschleunigenden Drehmoment M.

13.2 Grundgesetz der Drehbewegung; Trägheitsmoment

Den Zusammenhang zwischen Drehmoment M und Winkelbeschleunigung α können wir so formulieren:

$$\frac{M}{\alpha} = \text{const}$$

Diese Konstante bezeichnet man *als Trägheitsmoment J*.
Für die Drehbewegung eines starren Körpers um eine feste Achse gilt das *Grundgesetz der Drehbewegung*:

$$\boxed{M = J\alpha} \qquad \text{(G 2)}$$

Die beim 3. Versuch in 13.1 für $\dfrac{M}{\alpha} = J$ erhaltene Einheit kann man unformen:

$$1 \text{ N m rad}^{-1} \text{ s}^2 = 1 \text{ kg m s}^{-2} \cdot \text{m} \cdot 1 \cdot \text{s}^2 = 1 \text{ kg m}^2$$

Dabei wurde 1 rad = 1 gesetzt[1].

Die SI-Einheit des Trägheitsmomentes ist 1 kg m^2.

Die Konstante J ist charakteristisch für den zu beschleunigenden starren Körper und die Lage seiner Drehachse. J ist umso größer, je größer das Drehmoment M sein muß, um eine bestimmte Winkelbeschleunigung α zu erreichen. J ist demnach ein Maß für die „Trägheit" des Körpers, die durch das Drehmoment M überwunden werden muß. Man bezeichnet deshalb J als *Trägheitsmoment des Körpers in bezug auf die gegebene Achse*. Das Trägheitsmoment J ist also hier die analoge Größe zur Masse m im 2. Gesetz von Newton (G 2 von 2). Deshalb nennt man J auch *Drehmasse des Körpers*.

Vergleichen wir G 2 mit G 2 von 2, so erkennen wir folgende *Analogie*:

Geradlinige Bewegung		Drehbewegung	
Kraft	F	Drehmoment	M
Masse	m	Trägheitsmoment	J
Grundgesetz	$F = ma$	Grundgesetz	$M = J\alpha$

Die Gesamtmasse m eines Systems aus n Körpern der Einzelmassen $m_1, m_2, m_3, \ldots, m_n$ ist:

$$m = m_1 + m_2 + m_3 + \ldots + m_n = \sum_{i=1}^{n} m_i \qquad \text{mit} \qquad i \in \mathbb{N}$$

Dabei ist m_i die Masse des i-ten Körpers.

---

[1] Dies geschieht im folgenden stets, wenn eine Größe der Drehbewegung aus einer Winkelgröße (φ, ω, α) und anderen Größen berechnet wird.

Analog ist das Gesamtträgheitsmoment J eines Systems aus n Körpern, die bei Drehung um dieselbe Achse die Einzelträgheitsmomente $J_1, J_2, J_3, \ldots, J_n$ haben:

$$\boxed{J = J_1 + J_2 + J_3 + \ldots + J_n = \sum_{i=1}^{n} J_i} \quad \text{mit } i \in \mathbb{N} \quad (G\,3)$$

Dabei ist J_i das Trägheitsmoment des i-ten Körpers.

Man kann das Trägheitsmoment J experimentell, z. B. durch einen Beschleunigungsversuch der beschriebenen Art, bestimmen. Durch solche Versuche ist G 3 nachprüfbar.

In einfachen Fällen kann man das Trägheitsmoment auch *berechnen*. Bei zusammengesetzten Körpern berücksichtigt man dabei G 3.

Beispiele zur Berechnung einfacher Trägheitsmomente:

1. *Trägheitsmoment eines punktförmigen Körpers in bezug auf eine Achse im Abstand r*
Ein punktförmiger Körper der Masse m habe den Abstand r von der Drehachse D. Greift an dem Körper tangential zu seiner Kreisbahn die Kraft $\vec{F}$ an, so wirkt das Drehmoment $M = Fr$ (B 4). Dieses Drehmoment bewirkt eine beschleunigte Drehbewegung, für die nach G 2 gilt:

$$M = Fr = J\alpha$$

Daraus folgt:

$$J = \frac{Fr}{\alpha}$$

Mit $F = ma$ (G 2 von 2) und $a = r\alpha$ (G 13 von 12) ergibt sich:

$$J = \frac{mar}{\alpha} = \frac{m\alpha rr}{\alpha}$$

$$J = mr^2$$

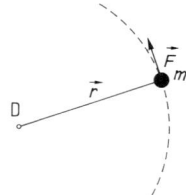

B 4   Zum Trägheitsmoment eines punktförmigen Körpers

2. *Trägheitsmoment eines Hantelmodells*
Zwei punktförmige Körper jeweils der Masse m' sollen den konstanten Abstand $2r$ voneinander haben (B 5). Die Drehachse sei die Mittelsenkrechte der Verbindungslinie der beiden Körper. Eine solche Anordnung bezeichnet man als *Hantelmodell*.

B 5   Zum Trägheitsmoment eines Hantelmodells

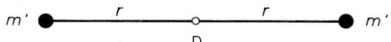

Nach diesem Modell kann man sich z. B. ein zweiatomiges Molekül, wie H_2 oder O_2, aufgebaut denken.

Aus dem 1. Beispiel und G 3 folgt für das Trägheitsmoment des Hantelmodells:
$$J = m'r^2 + m'r^2 = 2m'r^2$$
Mit $m = 2m'$ ergibt sich:
$$J = mr^2$$

3. Trägheitsmoment eines dünnwandigen Hohlzylinders in bezug auf die Zylinderachse

Wir denken uns den Zylinder der Masse m in n Teilchen gleicher Masse m_i zerlegt. Es sei also:
$$m = \sum_{i=1}^{n} m_i \quad \text{mit} \quad i \in \mathbb{N}$$

Die Wand des Zylinders sei so dünn, daß wir für alle n Teilchen den gleichen Abstand r von der Drehachse (Zylinderachse) voraussetzen können (B 6).

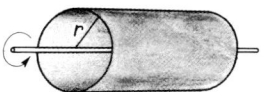

B 6   Zum Trägheitsmoment eines Hohlzylinders

Das gesamte Trägheitsmoment des Hohlzylinders ist dann:
$$J = \sum_{i=1}^{n} m_i r^2 = r^2 \sum_{i=1}^{n} m_i$$
$$J = mr^2$$

Bei unseren ersten drei Beispielen ergab sich dieselbe Gleichung für das Trägheitsmoment. Das ist dadurch bedingt, daß alle Teilchen den gleichen Abstand $r_i = r$ von der Drehachse haben.
Es gilt allgemein:

$$\boxed{J = mr^2}$$ wenn $r_i = r$ mit $i \in \mathbb{N}$ (G 4)

Soll das Trägheitsmoment eines Systems von Körpern klein sein, so muß man alle Körper möglichst nahe bei der Drehachse anordnen; soll das Trägheitsmoment groß sein, so muß man alle Körper möglichst weit von der Drehachse entfernt anbringen.

4. Trägheitsmoment eines homogenen Vollzylinders in bezug auf die Zylinderachse

Während beim dünnwandigen Hohlzylinder alle Teilchen der Masse m_i den gleichen Abstand r von der Drehachse haben, variieren beim Vollzylinder die Abstände r_i der Teilchen im Intervall $0 \leq r_i \leq r$.

Wir können uns den Vollzylinder aus vielen ineinander geschobenen dünnwandigen Hohlzylindern vom Radius r_i zusammengesetzt denken.
Die inneren Hohlzylinder tragen weniger zum Trägheitsmoment des Vollzylinders bei als die äußeren. Daher muß das Trägheitsmoment des Vollzylinders kleiner sein als das eines Hohlzylinders von gleicher Masse m und gleichem Radius r.
Die Integralrechnung liefert den Faktor $\frac{1}{2}$.

Damit ist:

$$\boxed{J = \tfrac{1}{2} m r^2} \qquad \text{(G 5)}$$

Aufgaben zu 13

1. Ein Rad von 18 cm Durchmesser hat das Trägheitsmoment 0,12 kg m². Es wird 1,5 min lang durch ein konstantes Drehmoment von 0,75 N m aus dem Stillstand in Rotation versetzt.
1.1 Welche Winkelbeschleunigung erfährt das Rad?
1.2 Welche Winkelgeschwindigkeit erreicht es?
1.3 Welche Bremskraft muß am Radumfang angreifen, damit es in 15 s wieder zum Stehen kommt?

(6,3 rad s⁻²; 5,6 · 10² rad s⁻¹; 50 N)

2. Eine Fahrradfelge (Masse 874 g, Durchmesser 64,6 cm) ist mittels Schnüren an einem Metallzylinder MZ (Durchmesser 2,0 cm) aufgehängt; dieser läuft mit geringer Reibung auf einem Lager, wenn der Körper K (Masse 100 g) durch seine Gewichtskraft auf MZ ein Drehmoment ausübt. Dies geschieht über den Faden, der einige Male um MZ gewickelt ist (B 7). Stoppt man die Zeit t, in der sich die Felge aus der Ruhe heraus um den Winkel φ dreht, so erhält man folgende Meßwerte:

$\dfrac{\varphi}{\text{rad}}$	2π	4π	6π	8π	10π	12π	14π
$\dfrac{t}{\text{s}}$	11,8	16,4	19,8	23,0	25,5	27,9	30,0

2.1 Berechnen Sie den Mittelwert der Winkelbeschleunigung! Um welche Bewegung handelt es sich?
2.2 Bestimmen Sie mit dem Ergebnis von 2.1 das Trägheitsmoment J der Apparatur!
2.3 Berechnen Sie das Trägheitsmoment J' der Felge unter der Annahme, daß die gesamte Masse auf einem Kreis konzentrisch zur Achse mit dem mittleren Radius 32 cm liegt! Vergleichen Sie J und J'! Erläutern Sie jeweils qualitativ, wie die Reibung und der Metallzylinder MZ die Ergebnisse beeinflussen!

(0,095 rad s⁻²; 0,10 kg m²; 0,089 kg m²)

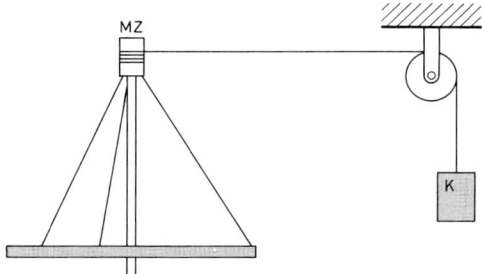

B 7   Zu Aufgabe 2

3. Ein dünner langer Stab der Masse 0,60 kg und der Länge $l = 39$ cm ist um die Stabmitte drehbar gelagert (B 8). Mit dem Stab ist eine kleine Kreisscheibe verbunden, die um die gleiche Achse drehbar ist. Die Scheibe hat die Masse 20 g und den Durchmesser 1,6 cm. Auf die Scheibe ist eine Schnur gewickelt, an der ein Körper der Masse 0,10 kg hängt. Die drehbare Vorrichtung (Stab und Kreisscheibe) wird zunächst festgehalten. Beim Loslassen beginnt sie sich beschleunigt zu drehen.
3.1 Das Trägheitsmoment eines dünnen langen Stabes ist $J = \frac{1}{12} m l^2$.
Berechnen Sie das Trägheitsmoment der Vorrichtung!
3.2 Wie groß ist die Winkelbeschleunigung und die Zeit für 5 Umdrehungen, wenn der Beschleunigungsvorgang des angehängten Körpers vernachlässigt wird?

$\quad$ ($7,6 \cdot 10^{-3}$ kg m^2;   1,0 rad s^{-2};   7,8 s)

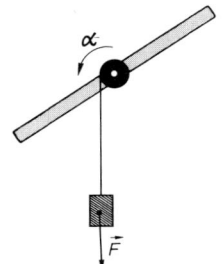

B 8   Zu Aufgabe 3

14 Arbeit und Energie bei der Drehung eines starren Körpers

14.1 Arbeit bei der Drehung um eine feste Achse

Wir betrachten den einfachen Fall der Drehung eines punktförmigen Körpers im konstanten Abstand r von der Drehachse (B 1). Der Körper beschreibt eine Kreisbahn vom Radius r. Eine tangential zur Kreisbahn gerichtete Kraft $\vec{F}$ verrichtet dann bei der Bewegung des Körpers längs der Bahn Δs die Arbeit $W = F\Delta s$ (G 2 von 4). Setzen wir $\Delta s = r\Delta\varphi$, so erhalten wir die Arbeit bei der Drehung mit der Winkeländerung $\Delta\varphi$. Die Arbeit ist $W = Fr\Delta\varphi$ und mit $Fr = M$:

$$W = M\Delta\varphi$$

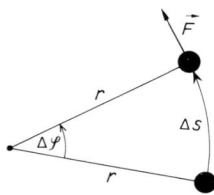

B 1   Zur Arbeit bei der Drehung eines punktförmigen Körpers

Da die SI-Einheit des Winkels 1 rad = 1 ist, haben Arbeit und Drehmoment trotz ihrer begrifflichen Verschiedenheit dieselbe SI-Einheit.

Zur Verallgemeinerung auf einen ausgedehnten Körper denken wir uns diesen in n Teilchen zerlegt. Die gesamte Arbeit W setzt sich aus n Teilarbeiten $W_1, W_2, \ldots, W_n$ zusammen:

$$W = W_1 + W_2 + \ldots + W_n = \sum_{i=1}^{n} W_i \quad \text{mit } i \in \mathbb{N}$$

Dabei gilt:

$$W_i = M_i \Delta\varphi$$

Da der Körper starr ist, ist die Winkeländerung $\Delta\varphi$ für alle Teilchen gleich. Setzen wir das gesamte Drehmoment $M = \sum_{i=1}^{n} M_i$, so erhalten wir für die Arbeit dieses Drehmoments M bei der Drehung des Körpers um $\Delta\varphi$:

$$\boxed{W = M\Delta\varphi} \qquad \text{(G 1)}$$

Das ist dieselbe Gleichung, wie wir sie zuvor für die Arbeit bei der Drehung eines einzelnen punktförmigen Körpers gewonnen haben; sie gilt auch für einen ausgedehnten starren Körper.

Die Größen M und φ bei der Drehung entsprechen den Größen F und x bei der geradlinigen Bewegung.

14.2 Beschleunigungsarbeit bei der Drehung; Rotationsenergie

Soll ein drehbar gelagerter Körper durch ein konstantes Drehmoment M aus der Ruhe auf die Winkelgeschwindigkeit ω gebracht werden, so ist dazu die Beschleunigungsarbeit W_α nötig, die wir entsprechend zur Beschleunigungsarbeit W_a (s. 4.2.1) berechnen können.

Nach G 1 ist $W_\alpha = M \Delta \varphi$. Lassen wir die Drehung beim Winkel $\varphi_1 = 0$ beginnen, so ist $\Delta \varphi = \varphi$, wenn wir $\varphi_2 = \varphi$ setzen. Dann ist $W_\alpha = M\varphi$.
Diese Gleichung können wir mit $M = J\alpha$ (G 2 von 13) und $2\alpha\varphi = \omega^2$ (G 9 von 12) umformen:

$$W_\alpha = M\varphi = J\alpha\varphi = J\frac{\omega^2}{2}$$

Damit ist die *Beschleunigungsarbeit* bei der Drehung eines starren Körpers um eine feste Achse:

$$\boxed{W_\alpha = \tfrac{1}{2} J \omega^2} \qquad \text{(G 2)}$$

Soll ein starrer Körper von der Winkelgeschwindigkeit ω_1 auf die Winkelgeschwindigkeit ω_2 beschleunigt werden, so ist dabei an ihm die Arbeit zu verrichten:

$$\boxed{W_\alpha = \tfrac{1}{2} J \omega_2^2 - \tfrac{1}{2} J \omega_1^2} \qquad \text{(G 3)}$$

Die kinetische Energie der Drehung wird Rotationsenergie E_r genannt. Sie ist so groß wie die Beschleunigungsarbeit, die den Körper aus der Ruhe bis zur Winkelgeschwindigkeit ω beschleunigt.

Damit ist die *Rotationsenergie* eines starren Körpers:

$$\boxed{E_r = \tfrac{1}{2} J \omega^2} \qquad \text{(G 4)}$$

Soll ein Körper, z.B. das *Schwungrad einer Maschine*, bei gegebener Winkelgeschwindigkeit möglichst viel Energie speichern, so muß man sein Trägheitsmoment möglichst groß machen. Dies erreicht man u.a. dadurch, daß man seine Masse, soweit möglich, nach außen in den Radkranz verlegt.

Vergleichen wir G 4 mit G 4 von 4.2, so sehen wir, daß auch hier wieder das Trägheitsmoment J der Masse m und die Winkelgeschwindigkeit ω der Geschwindigkeit v entsprechen.

Analogie:

Geradlinige Bewegung	Drehbewegung
Arbeit $\qquad\qquad W = F \Delta x$	Arbeit $\qquad\qquad W = M \Delta \varphi$
Kinetische Energie $E_k = \tfrac{1}{2} m v^2$	Rotationsenergie $E_r = \tfrac{1}{2} J \omega^2$

14.3 Energieerhaltungssatz der Mechanik bei der Drehung eines starren Körpers

Beim Energieerhaltungssatz der Mechanik (G 15 von 4) haben wir unter der potentiellen Energie E_p sowohl die potentielle Energie der Erdanziehung als auch die potentielle Energie der Elastizität verstanden. Die kinetische Energie E_k bestand für uns nur aus der kinetischen Energie der fortschreitenden Bewegung. Nachdem wir die Rotationsenergie als kinetische Energie der Drehbewegung kennengelernt haben, müssen wir sie ebenfalls als einen Teil der kinetischen Energie E_k im Energieerhaltungssatz der Mechanik berücksichtigen.

Beispiel: Ein dünnwandiger Hohlzylinder rollt aus der Ruhe eine schiefe Ebene hinunter (B 2). Während der Rollbewegung hat der Zylinder sowohl kinetische Energie der fortschreitenden Bewegung als auch Rotationsenergie:

$$E_k = \tfrac{1}{2} m v^2 + \tfrac{1}{2} J \omega^2$$

Setzen wir das Trägheitsmoment $J = mr^2$ und die Rollbedingung $\omega = \dfrac{v}{r}$ (G 14 von 12) ein, so erhalten wir:

$$E_k = \tfrac{1}{2} m v^2 + \tfrac{1}{2} m r^2 \dfrac{v^2}{r^2} = m v^2$$

Am Ende der schiefen Ebene hat der Zylinder die Bewegungsenergie:

$$E_k = m v_e^2$$

Dabei ist v_e die Endgeschwindigkeit der Zylinderachse.

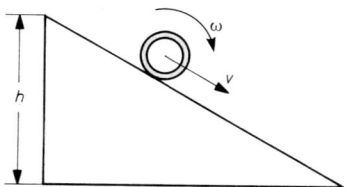

B 2   Ein Hohlzylinder rollt eine schiefe Ebene hinunter.

Sehen wir von Reibungsverlusten ab, so ist am Ende der schiefen Ebene die Bewegungsenergie E_k gleich der potentiellen Energie $E_p = mgh$, die der Zylinder oben auf der schiefen Ebene im Ruhezustand hatte. Also ist:

$$m v_e^2 = mgh$$

Daraus folgt: $v_e = \sqrt{gh}$

Ein Körper, der reibungsfrei aus der Ruhe die schiefe Ebene hinuntergleitet oder frei die Höhe h durchfällt, erreicht nach G 4 von 3.1 die Endgeschwindigkeit $v_e' = \sqrt{2gh}$.
Der rollende Hohlzylinder kommt also mit einer kleineren Geschwindigkeit unten an.

Versuch: Ein Versuchswagen, dessen Räder eine sehr kleine Masse haben, und ein Hohlzylinder haben die gleiche Masse. Wir lassen beide nebeneinander gleichzeitig auf einer schiefen Ebene los und messen die Laufzeiten. Der Wagen fährt schneller, als der Zylinder rollt.

14.4 Drehschwingungen

Wir haben das *Federpendel* als ein schwingungsfähiges System kennengelernt, das aus einem Pendelkörper der Masse m und einer elastischen Feder der Federhärte (Richtgröße) $D = -\dfrac{F}{y}$ besteht. Dabei ist $\vec{F}$ die rücktreibende Kraft und y die Ortskoordinate (Elongation). Führt man dem Federpendel kurzzeitig Energie (potentielle Energie der Elastizität oder kinetische Energie) zu und überläßt es sich dann selbst, so führt es eine lineare harmonische Schwingung mit der Schwingungsdauer

$$T = 2\pi \sqrt{\dfrac{m}{D}} \text{ aus (s. 8.2.5).}$$

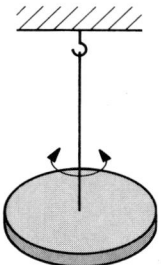

B 3   Drehpendel

Ein entsprechendes schwingungsfähiges System für Drehschwingungen ist das *Drehpendel* (B 3). Ein Körper hängt an einem elastisch verdrillbaren Draht oder einer Schraubenfeder. Dreht man den Körper um den Winkel ϑ aus der Ruhelage, so entsteht ein rücktreibendes Drehmoment M in der elastischen Aufhängung, das direkt proportional zu ϑ ist:

$$M = -D^* \vartheta$$

Die Proportionalitätskonstante D^* nennen wir *Winkelrichtgröße*. Durch die Drehung erhält das Drehpendel potentielle Energie der Elastizität. Diese ist so groß wie die Arbeit, die beim Drehen um den Winkel ϑ aufgewendet werden muß. Wird das Drehpendel losgelassen, so gerät es in freie harmonische Drehschwingungen.

Wir nennen beim Drehpendel den *Drehwinkel* ϑ, um einer Verwechslung mit dem *Phasenwinkel* φ der harmonischen Schwingung vorzubeugen.

Analogie:

Geradlinige Bewegung		Drehbewegung	
Elongation	y	Drehwinkel	ϑ
Richtgröße (Federhärte)	D	Winkelrichtgröße	D^*

Wenn man die Analogie von D und D^* sowie die Analogie von m und J beachtet, erhält man für die *Schwingungsdauer T des Drehpendels*:

$$T = 2\pi \sqrt{\frac{J}{D^*}} \qquad \text{(G 5)}$$

Mit Hilfe von G 5 kann man *experimentell Trägheitsmomente bestimmen*:
Zuerst bildet man ein Drehpendel aus einem elastischen Draht und einem Körper K_1 von bekanntem Trägheitsmoment J_1. Man mißt die Schwingungsdauer T_1 und berechnet aus G 5 die Winkelrichtgröße D^*. Anschließend ersetzt man den Körper K_1 durch den Körper K_2, dessen Trägheitsmoment J_2 man bestimmen will, und mißt T_2. Mit T_2 und D^* kann man dann das Trägheitsmoment J_2 aus G 5 berechnen.

Aufgaben zu 14

1. Welche Rotationsenergie steckt in einem Schwungrad von 1,8 t Masse und 1,6 m Durchmesser bei einer Drehzahl von 100 Umdrehungen pro Minute? Die Masse werde näherungsweise im Radkranz vereinigt gedacht.

    (63 kJ)

2. Ein rotierendes Schwungrad hat eine Energie von 40,0 kJ. Wieviel Umdrehungen macht es noch bis zum Stillstand, wenn es durch das Drehmoment 25,0 N m abgebremst wird?

    (255)

3. Bei dem Stoßgenerator im Max-Plank-Institut in Garching bei München sitzen Motor, Schwungrad und Generator auf einer gemeinsamen Achse. In 25 Minuten erreicht er beim Anlaufen aus der Ruhe die maximale Frequenz 1650 min^{-1}. Bremst man den Generator innerhalb 10 s auf 1275 min^{-1} ab, so gibt er 150 MW ab. Das Schwungrad hat 2,9 m Durchmesser und die Masse 223 t.
3.1 Wie groß ist das Trägheitsmoment des Stoßgenerators?
3.2 Berechnen Sie die Beträge der konstanten Winkelbeschleunigung für den Anlauf- und Bremsvorgang?
3.3 Welche tangentiale Kraft am Schwungrad vermag den Stoßgenerator in 10 s auf 1275 min^{-1} abzubremsen?

    ($2,5 \cdot 10^5$ kg m^2;   0,12 rad s^{-2};   3,9 rad s^{-2}; $6,8 \cdot 10^5$ N)

4. Ein Vollzylinder und ein dünnwandiger Hohlzylinder haben die gleiche Masse und den gleichen Durchmesser. Beide Zylinder werden gleichzeitig in gleicher Höhe losgelassen, so daß sie eine schiefe Ebene hinunterrollen.
4.1 Welcher Zylinder kommt zuerst unten an?
4.2 Wie verhalten sich die Laufzeiten der beiden Zylinder?

    ($\sqrt{3}$: 2)

5. Ein dünnwandiger Hohlzylinder rollt eine schiefe Ebene hinunter. Wie groß ist seine Bahngeschwindigkeit, wenn er in einem Punkt angelangt ist, der um h tiefer liegt (lotrecht gemessen) als sein Ausgangspunkt?

    ($\sqrt{gh}$)

6. Eine Kugel (Radius r; Masse m; Trägheitsmoment $\frac{2}{5}mr^2$) rollt auf einer Schiene. Die Schiene ist zunächst waagrecht, dann steigt sie geradlinig unter dem Winkel α gegen die Waagrechte an. Bevor die Kugel bergan rollt, ist ihre Geschwindigkeit v.
6.1 Bis zu welcher Höhe h kommt die Kugel, wenn
a) die Reibung vernachlässigt wird,
b) die Reibung (Reibungskoeffizient μ) berücksichtigt wird?
6.2 Berechnen Sie h für $v = 1{,}0 \text{ m s}^{-1}$, $\alpha = 10°$ und $\mu = 0{,}010$!
Wieviel Prozent beträgt die Höhenänderung durch Berücksichtigung der Reibung?

$$\left(0{,}7\frac{v^2}{g}; \quad 0{,}7\frac{v^2}{g} \cdot \frac{1}{1 + \frac{\mu}{\tan\alpha}}; \quad 6{,}8 \text{ cm}; \quad 5{,}4\%\right)$$

7. *Berücksichtigung der festen Rolle bei der Atwood-Fallmaschine*
Zwei Körper K_1 und K_2 der gleichen Masse m sind über eine feste Rolle der Masse m_R durch ein Seil miteinander verbunden (B 15 von Aufgaben zu 3 insgesamt). Legt man auf den Körper K_1 zusätzlich einen Körper K' der Masse m', so bewegen sich die Körper beschleunigt. Die Rolle ist eine zylindrische Scheibe (Vollzylinder) mit dem Radius r. Ihr Einfluß soll im Gegensatz zu Aufgabe 8 von 3 berücksichtigt werden, dagegen nicht die vorhandene Reibung und die Masse des Fadens.
Für die Beschleunigung a, mit der K_1 und K' zu Boden sinken, gilt:

$$a = \frac{m'}{2m + m' + \frac{1}{2}m_R} \cdot g \qquad (G)$$

7.1 Leiten Sie (G) aus dem Energieerhaltungssatz her!
7.2 Die Gleichung (G) soll experimentell bestätigt werden. Zeichnen und beschreiben Sie eine Schaltanordnung, mit der (G) überprüft werden kann und erläutern Sie, wie die Bestätigung von (G) durchgeführt wird!
7.3 Mit $m = 50$ g, $m' = 10$ g und $m_R = 10$ g wird experimentiert. In welcher Zeit bewegt sich K' 80 cm abwärts?

(1,4 s)

8. Ein Drehpendel (B 3) mit dem Trägheitsmoment J wird um den Winkel ϑ aus seiner Ruhelage gedreht. Dazu ist das Drehmoment M erforderlich. Dann wird das Drehpendel losgelassen, so daß es schwingt.
Berechnen Sie
a) die Schwingungsenergie des Drehpendels,
b) die Winkelgeschwindigkeit und die Winkelbeschleunigung beim Durchgang durch die Ruhelage,
c) die Schwingungsdauer!

$$\left(\frac{1}{2}M\vartheta; \quad \sqrt{\frac{M\vartheta}{J}}; \quad 0; \quad 2\pi\sqrt{\frac{J\vartheta}{M}}\right)$$

15 Drehimpuls und Drehimpulserhaltungssatz

15.1 Erhaltung des Drehimpulses eines Körpers

Die zum Impuls p (5.1) analoge Größe der Drehbewegung nennt man Drehimpuls L.
Zunächst definieren wir den *Drehimpuls L eines* Körpers, der so gelagert ist, daß er sich nur um eine *feste Achse* drehen kann, analog zum Impuls $p = mv$:

$$\boxed{L = J\omega} \qquad \text{(G 1)} \qquad \textbf{Definition von } L$$

Die SI-Einheit des Drehimpulses ist $1 \text{ kg m}^2 \text{ s}^{-1}$.

Ein starrer Körper hat bei vorgegebener Drehachse ein konstantes Trägheitsmoment J. Wenn die Winkelgeschwindigkeit ω konstant ist, ist auch der Drehimpuls L konstant. Dies ist der Fall, wenn die Winkelbeschleunigung $\alpha = 0$ ist. Aus dem Grundgesetz der Drehbewegung $M = J\alpha$ (G 2 von 13.2) folgt, daß dann kein Drehmoment M wirken darf. Wir können also sagen:

$$\boxed{L = J\omega = \text{const}} \qquad \text{für } M = 0 \qquad \text{(G 2)}$$

Da im betrachteten Fall aus L = const folgt, daß auch ω konstant ist, können wir den gleichen Sachverhalt auch als *Trägheitssatz für die Drehbewegung* formulieren. Dabei sprechen wir den Spezialfall $\omega = 0$ besonders an.

Ein starrer Körper, der sich nur um eine feste Achse drehen kann, bleibt in Ruhe oder rotiert mit konstanter Winkelgeschwindigkeit, wenn kein Drehmoment auf ihn wirkt.

Beispiel: Ein angetriebenes *Schwungrad* läuft lange Zeit mit konstanter Winkelgeschwindigkeit und damit auch mit konstantem Drehimpuls weiter, weil das bremsende Reibungsmoment der Achsenlagerung sehr klein ist.

Die Gleichung G 2 gewinnt über den Trägheitssatz hinaus eine allgemeinere Bedeutung, wenn sich das *Trägheitsmoment J* während der Rotation *ändert*. Dies kann z. B. dadurch eintreten, daß Teile des Körpers ihren Abstand relativ zur Drehachse verlagern. In diesem Fall kann der Drehimpuls nur konstant bleiben, wenn sich außer J auch ω ändert. Wechselt das Trägheitsmoment während der Drehung von J_1 zu J_2, so wechselt auch die Winkelgeschwindigkeit von ω_1 zu ω_2, so daß gilt:

$$J_1 \omega_1 = J_2 \omega_2 \qquad \text{oder} \qquad J_1 : J_2 = \omega_2 : \omega_1$$

Dies bestätigen wir qualitativ durch folgende *Versuche*:

1. *Kugel an einem Faden*, der teilweise durch ein Rohr führt (B 1). Die Kugel der Masse m rotiere zunächst bei dem Bahnradius r_1 mit der Winkelgeschwindigkeit ω_1. Dabei ist das Trägheitsmoment $J_1 = mr_1^2$. Zieht man nun den Faden ein Stück in das Rohr hinein, so

verkleinert sich der Bahnradius von r_1 auf r_2 und damit das Trägheitsmoment auf $J_2 = mr_2^2$. Entsprechend wächst die Winkelgeschwindigkeit von ω_1 bis ω_2.

2. Eine *Versuchsperson rotiert auf einer Drehscheibe* mit Hanteln in den Händen (B 2). Bei ausgestreckten Armen (großes J_1) erfolgt langsame Drehung (kleines ω_1), bei angezogenen Armen (kleines J_2) rasche Drehung (großes ω_2).

3. *Pirouette der Eisläufer* (B 3). Verlagerung der Glieder möglichst weit von der Drehachse fort gibt großes Trägheitsmoment J_1 und kleine Winkelgeschwindigkeit ω_1, bzw. möglichst nah an die Drehachse hin gibt kleines Trägheitsmoment J_2 und große Winkelgeschwindigkeit ω_2.

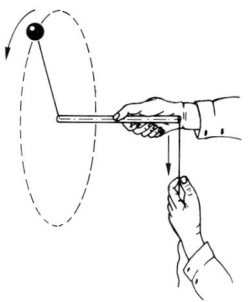
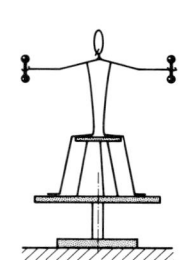

B 1 Eine Kugel rotiert auf einer Kreisbahn mit veränderlichem Radius.

B 2 Rotation auf einer Drehscheibe mit veränderlichem Trägheitsmoment

B 3 Pirouette beim Eislauf

Wir müssen beachten, daß bei diesen Versuchen kein Drehmoment M_a von außen einwirkt. Die Änderung der Winkelgeschwindigkeit ω erfolgt jeweils nur durch Veränderung des Trägheitsmoments J.

Die Gleichung G 2 ist auch noch bei *veränderlichem Trägheitsmoment* gültig, wenn kein äußeres Drehmoment wirkt. Dann lautet der *Drehimpulserhaltungssatz*:

Der Drehimpuls $L = J\omega$ eines Körpers ist konstant, wenn kein Drehmoment von außen auf den Körper wirkt.

Beispiele:
1. Übungen beim Reckturnen (z. B. Felgen)
2. Saltosprünge beim Boden- und Geräteturnen sowie beim Wasserspringen
3. Durch Verlagern von Teilen der Erde relativ zur Erdachse könnte sich die Winkelgeschwindigkeit der Erde ändern.

15.2 Erhaltung des Drehimpulses in einem abgeschlossenen System von zwei Körpern mit gemeinsamer Drehachse

Bei der geradlinigen Bewegung haben wir in 5.2 den *Impulserhaltungssatz* von vornherein für ein abgeschlossenes System *zweier* Körper betrachtet. Für einen einzigen Körper folgt nämlich aus $p = mv = $ const lediglich $v = $ const, also der *Trägheitssatz*, jedenfalls solange die Masse m konstant ist.

Bei der Drehbewegung ist dagegen der *Drehimpulserhaltungssatz* auch schon bei *einem* Körper über den Trägheitssatz hinaus von Bedeutung, wie wir in 15.1 gesehen haben.
Im folgenden wollen wir den *Drehimpulserhaltungssatz* auf ein abgeschlossenes *System von zwei Körpern* erweitern. Wir beginnen mit einem *Versuch*, der dem Versuch von 5.2 entspricht. Zwei Kreisscheiben von gleichem Radius r sind um die gemeinsame Achse D drehbar gelagert (B 4). Jede Scheibe kann mit Zusatzscheiben zu einem starren Körper verbunden werden. Dadurch ist es möglich, verschiedene Trägheitsmomente J_1 und J_2 der beiden Drehkörper herzustellen.

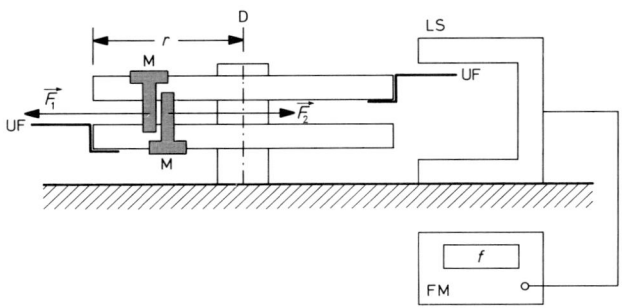

B 4 Die Drehmomente der inneren Kräfte $\vec{F}_1$ und $\vec{F}_2$ vermitteln den Kreisscheiben die Drehimpulse $J_1 \omega_1$ und $J_2 \omega_2$.

Am Rand der beiden Drehkörper wird je ein Magnet M so angebracht, daß sich gleichnamige Pole gegenüberstehen. Diese Position wird durch einen Faden festgehalten. Nach dem Durchbrennen des Fadens wirkt auf die eine Scheibe das Drehmoment $M_1 = F_1 r$ beschleunigend, auf die andere Scheibe das Gegendrehmoment $M_2 = F_2 r$; dabei ist $\vec{F} = -\vec{F}_1$. Diese inneren Drehmomente vermitteln den Kreisscheiben die Drehimpulse $J_1 \omega_1$ bzw. $J_2 \omega_2$.
Da sich die beiden Scheiben mit verschiedenem Drehsinn bewegen, unterscheiden wir die beiden Winkelgeschwindigkeiten ω_1 und ω_2 durch das Vorzeichen. Wie der Drehwinkel φ (s. 7.1.1) ist die Winkelgeschwindigkeit positiv, wenn die Drehung entgegengesetzt zum Drehsinn des Uhrzeigers erfolgt; im andern Fall ist die Winkelgeschwindigkeit negativ.
Die Beträge der Winkelgeschwindigkeiten $|\omega_1| = 2\pi f_1$ und $|\omega_2| = 2\pi f_2$ können wir durch Messen der Frequenzen f_1 und f_2 bestimmen. Dazu dienen die Unterbrecherfahnen UF, die Lichtschranke LS und ein Frequenzmesser FM (B 4). Mit dem Versuch kann man zeigen, daß bei Variation von J_1 bzw. J_2 gilt:

$$J_1 \omega_1 + J_2 \omega_2 = 0$$

Da die Scheiben vor dem Durchbrennen des Fadens ruhten, war ihr Gesamtdrehimpuls vorher Null. Der Versuch lehrt, daß er auch hinterher Null ist.

Es handelt sich dabei um einen Spezialfall ($L = 0$) des Satzes von der Erhaltung des Drehimpulses L:

$$L = J_1 \omega_1 + J_2 \omega_2 = \text{const} \qquad \text{(G 3)}$$

Der Gesamtdrehimpuls eines abgeschlossenen Systems zweier Körper ist konstant.

Qualitativ zeigt diesen Sachverhalt folgender *Versuch*: Eine Versuchsperson sitzt auf einer Drehscheibe (Trägheitsmoment zusammen J_1). Die Versuchsperson hält ein zunächst ruhendes, drehbar gelagertes Rad (Trägheitsmoment J_2) so über den Kopf, daß die Drehscheibenachse und die Radachse parallel gerichtet sind (B 5). Erteilt die Versuchsperson nun dem Rad eine Winkelgeschwindigkeit ω_2, so dreht sich sofort die Drehscheibe mit der Winkelgeschwindigkeit ω_1 in der entgegengesetzten Richtung. Dabei gilt $J_1 \omega_1 + J_2 \omega_2 = 0$; denn der Drehimpuls des abgeschlossenen Systems war ursprünglich Null und bleibt nach dem Erhaltungssatz des Drehimpulses Null, da nur innere Drehmomente wirksam sind.

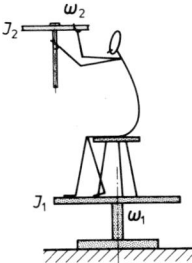

B 5 Erhaltung des Drehimpulses in einem abgeschlossenen System aus zwei rotierenden Körpern; gegenläufige Drehung von Rad und Drehscheibe

Beispiele:
1. Wenn man auf einer Drehscheibe (*Karussell*) steht, kann man sich ohne Kontakt mit der Umgebung, d. h. ohne äußeres Drehmoment, nicht selbst und die Drehscheibe im gleichen Drehsinn in Bewegung versetzen. Läuft man am Scheibenrand in einer Richtung, so dreht sich die Scheibe im entgegengesetzten Drehsinn.
2. Bei einem *Hubschrauber* käme der Rumpf in eine entgegengesetzte Drehung zum Rotor, wenn nicht besondere Maßnahmen dies verhinderten:
a) Der Rumpfdrehung wirkt ein äußeres Drehmoment entgegen, das von einer Luftschraube (Propeller) im Zusammenwirken mit der umgebenden Luft ausgeübt wird.
b) Ein sog. Tandem-Hubschrauber hat zwei gleiche Rotoren mit entgegengesetztem Drehsinn (s. Titelbild, S. 4).

15.3 Drehimpulsänderung und Drehmoment

Wir haben beim Drehimpuls*erhaltungs*satz darauf hingewiesen, daß *kein äußeres Drehmoment* wirken darf. Ein solches *ändert* nämlich den Drehimpuls, wie uns die folgenden Überlegungen zeigen. Wir beschränken uns dabei wieder auf einen *starren Körper*, der sich um eine *feste Achse* dreht. In diesem Fall ist nach G 1 der Drehimpuls L des Körpers:

$$L = J\omega$$

Differenzieren wir diese Gleichung nach der Zeit t, so erhalten wir:

$$\frac{dL}{dt} = \dot{L} = J\dot{\omega} = J\alpha$$

Mit $J\alpha = M$ (G 2 von 13.2) ergibt sich:

$$\boxed{\dot{L} = M} \qquad \text{(G 4)}$$

Die zeitliche Änderung des Drehimpulses ist gleich dem auf den Körper wirkenden Drehmoment.

Da die *Drehachse* als *fest* vorausgesetzt wurde, handelt es sich hier nur um eine Änderung des Betrags, nicht der Richtung des Drehimpulses.

*15.4 Winkelgeschwindigkeit und Drehimpuls als Vektoren

Solange wir nur die Drehbewegung eines starren Körpers um eine *feste Achse* behandelten, konnten wir die Winkelgeschwindigkeit ω und den Drehimpuls L als *skalare Größen* betrachten. Um auch die Drehung eines starren Körpers um eine nicht dauernd festgehaltene Achse besprechen zu können, müssen wir die *Winkelgeschwindigkeit* und den *Drehimpuls* als *Vektoren* einführen.
Die *Winkelgeschwindigkeit* $\vec{\omega}$ *definieren* wir als einen *Vektor*, der die Richtung der Drehachse und den Betrag $|\vec{\omega}| = |\dot{\varphi}|$ hat (G 5 von 12). Die Pfeilrichtung wählen wir dabei im Rechtsschraubensinn (B6).
Man nennt einen solchen Vektor einen *axialen Vektor*.

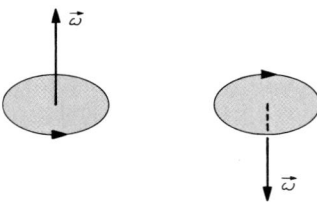

B 6   Winkelgeschwindigkeit als Vektor

Wir wollen im folgenden unsere Überlegungen über die Drehung starrer Körper etwas *erweitern*, jedoch nicht vollständig verallgemeinern, d.h. nicht die Drehung beliebig geformter Körper um beliebige Achsen behandeln.

Wir *beschränken* uns in zweifacher Hinsicht:

1. Die betrachteten Körper sollen *rotationssymmetrisch geformt* sein, d.h. sie sollen z.B. auf einer Drehbank hergestellt worden sein. Die dabei entstandene Rotationssymmetrieachse bezeichnet man als *Figurenachse* des Körpers.

2. Bei unseren Überlegungen betrachten wir nur *Drehungen des Körpers um seine Figurenachse*.

Unter diesen Einschränkungen definieren wir den *Drehimpuls* $\vec{L}$ als einen axialen Vektor vom Betrag $J\omega$ (G 1), der dieselbe Richtung wie $\vec{\omega}$ hat:

$$\boxed{\vec{L} = J\vec{\omega}} \qquad \text{(G 5)} \qquad\qquad \textbf{Definition von } \vec{L}$$

*15.5 Erhaltung des Drehimpulsvektors bei einem Körper

Der Drehimpulserhaltungssatz (G 2) gewinnt durch Beachtung des Vektorcharakters von $\vec{L}$ bereits bei einem *einzelnen* Körper eine zusätzliche Bedeutung, nämlich durch die *Konstanz der Achsenrichtung* im Raum.
Der *Drehimpulserhaltungssatz in Vektorform* lautet für einen Körper von rotationssymmetrischer Gestalt, der sich um seine Figurenachse dreht:

$$\boxed{\vec{L} = J\vec{\omega} = \text{const}} \qquad \text{für } M = 0 \qquad \text{(G 6)}$$

Der Drehimpuls eines Körpers bleibt sowohl dem Betrag als auch der Richtung nach konstant, wenn kein Drehmoment auf den Körper wirkt.

Sind $\vec{L}_x, \vec{L}_y, \vec{L}_z$ die Komponenten des Drehimpulsvektors $\vec{L}$ in den Richtungen eines räumlichen Koordinatensystems und L_x, L_y, L_z die entsprechenden Koordinaten, so lautet der Drehimpulserhaltungssatz in Spaltenschreibweise:

$$\vec{L} = \begin{pmatrix} L_x \\ L_y \\ L_z \end{pmatrix} = J \begin{pmatrix} \omega_x \\ \omega_y \\ \omega_z \end{pmatrix} = \text{const}$$

Daraus können wir sehen, daß für die Koordinaten jeweils einzeln der Drehimpulserhaltungssatz gilt.

Beispiele:
1. Die *Erde* rotiert bei ihrer täglichen Drehung um eine Achse raumfester Richtung.
2. Ein *Diskus* wird so geworfen, daß ihm ein bestimmter Drehimpuls erteilt wird (B 7). Er fliegt so, daß er durch die Konstanz der Drehachse einen bestimmten „Anstellwinkel" erhält. Dadurch erfährt er auf dem absteigenden Ast seiner Bahn, wie die Tragfläche eines Flugzeugs, einen „dynamischen" Auftrieb und fliegt weiter als ohne Drehimpuls.

B 7 Flugbahn eines rotierenden Diskus

Einen drehbar gelagerten Körper bezeichnet man häufig als *Kreisel*. Ist der Kreisel ein rotationssymmetrischer Körper, so spricht man von einem *symmetrischen Kreisel*. Wird ein Kreisel in einem *cardanischen*[1] *Gehänge* gelagert (B 8), so kann seine Figurenachse FA jede Richtung im Raum annehmen. FA kann sich nämlich um zwei aufeinander senkrecht stehende Achsen BC und DE drehen.

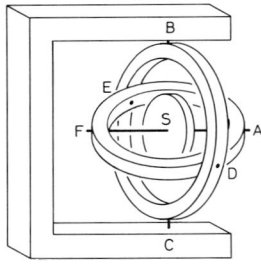

B 8   Kräftefreier symmetrischer Kreisel in einer cardanischen Aufhängung; S Schwerpunkt; FA Figurenachse; BC Drehachse des einen und DE Drehachse des anderen Halterings

Die Achsen BC und DE schneiden sich im Schwerpunkt S. Dadurch wird erreicht, daß die Gewichtskraft des Kreisels kein Drehmoment ausüben kann. Man nennt einen solchen Kreisel „*kräftefrei*". Dabei wird angenommen, daß die Lagerreibung vernachlässigbar klein ist.

Für einen kräftefreien Kreisel gilt der Drehimpulserhaltungssatz (G 6).

Beispiel: Ein kräftefreier, symmetrischer Kreisel wird um seine Symmetrieachse (Figurenachse) in Drehung versetzt. Ist die Drehachse auf einen bestimmten Fixstern gerichtet, so bleibt sie nach dem Drehimpulserhaltungssatz auf diesen Stern gerichtet und wandert mit ihm von Osten über Süden nach Westen. Die *Drehachse bleibt im Raum fest* und bewegt sich dabei relativ zur Erde. Diese Relativbewegung ist ein *Beweis für die Erdrotation*.

Zu derartigen Versuchen braucht man Kreisel, die einen großen Drehimpuls lange Zeit beibehalten. Das ist bei technischen Kreiseln der Fall, bei denen der Rotor eines Drehstrommotors als Kreisel ausgebildet ist. Solche Kreisel machen z. B. 500 Umdrehungen in der Sekunde und können beliebig lange elektrisch angetrieben werden.

*15.6   Erhaltung des Drehimpulsvektors bei zwei Körpern

Für ein *System aus zwei Körpern* können wir den Drehimpulserhaltungssatz in vektorieller Form entsprechend zu G 6 schreiben:

$$\boxed{\vec{L} = J_1\vec{\omega}_1 + J_2\vec{\omega}_2 = \text{const}} \qquad \text{für } M = 0 \qquad \text{(G 7)}$$

Der gesamte Drehimpuls $\vec{L}$ eines Systems aus zwei Körpern ist nach Betrag und Richtung konstant, wenn kein äußeres Drehmoment wirkt.
Ein System, auf das kein äußeres Drehmoment wirkt, nennt man abgeschlossen.

---
[1] *Cardano, Geronimo*, 1501–1576; ital. Mathematiker, Philosoph und Mediziner

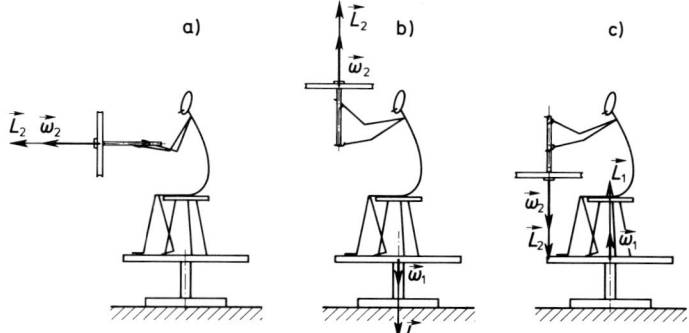

B 9 Versuch zur Erhaltung des Drehimpulses:
a) Drehachse des Rades senkrecht zur Drehachse der Drehscheibe,
b) Drehachse des Rades parallel zur Drehachse der Drehscheibe,
c) Umkehrung der Drehachse des Rades

Wir erläutern G 7 durch einen *Versuch*:
Übergibt man einer auf einer ruhenden Drehscheibe sitzenden Versuchsperson ein rotierendes Rad, dessen Achse senkrecht zur Drehscheibenachse steht, so bleibt die Drehscheibe in Ruhe (B 9a). Stellt die Versuchsperson jedoch durch Aufrichten des Rades die beiden Drehachsen parallel, so beginnt die Drehscheibe zu rotieren (B 9b). Durch das Aufrichten entsteht nämlich eine Komponente des Drehimpulses in Richtung der Drehscheibenachse. Da aber anfangs kein Drehimpuls um diese Achse vorhanden war, muß der gesamte Drehimpuls auch jetzt Null sein. Das wird dadurch möglich, daß die Person mit der Drehscheibe einen Drehimpuls vom gleichen Betrag wie der Drehimpuls des Rades, aber mit entgegengesetztem Drehsinn, erhält. Kehrt die Versuchsperson die Drehachse des Rades in die entgegengesetzte Richtung um, so wechselt auch die Drehrichtung der Drehscheibe (B 9c).

*15.7 Änderung des Drehimpulsvektors; Drehmomentvektor

In 15.3 haben wir die Änderung des Drehimpulses L durch ein Drehmoment M für den Spezialfall der Drehung eines starren Körpers um eine feste Achse besprochen. Wir wollen nun die dort abgeleitete Gleichung G 4 *erweitern* auf die Bewegung eines *symmetrischen Kreisels*, der sich um seine *Figurenachse* dreht. In diesem Fall gilt:

$$\dot{\vec{L}} = \vec{M} \qquad \text{(G 8)}$$

In G 8 müssen wir auch das Drehmoment als vektorielle Größe nehmen. Dazu definieren wir das Drehmoment $\vec{M}$ folgendermaßen:
$\vec{r}$ ist der Ortsvektor des Angriffspunktes der Kraft $\vec{F}$ (B 10). Die *Richtung* des Drehmomentvektors $\vec{M}$ steht senkrecht auf der von $\vec{r}$ und $\vec{F}$ gebildeten Ebene; $\vec{M}$ zeigt im

Rechtsdrehsinn. Der *Betrag* von $\vec{M}$ ist $|\vec{M}| = M = Fl = Fr\sin\varepsilon$; dabei ist $l = r\sin\varepsilon$ der Kraftarm.

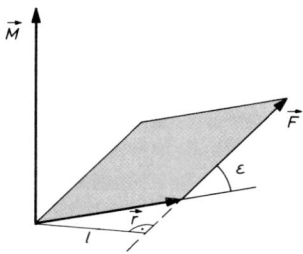

B 10 Drehmoment als Vektor

G 8 bedeutet:

Die zeitliche Änderung des Drehimpulses ist nach Betrag und Richtung gleich dem auf den symmetrischen Kreisel wirkenden Drehmoment.

Die Aussage der Gleichung 8 kann man sich besser vorstellen, wenn man statt des Differentialquotienten $\dfrac{d\vec{L}}{dt}$ den Differenzenquotienten $\dfrac{\Delta\vec{L}}{\Delta t}$ betrachtet. Für kleine Differenzen gilt angenähert:

$$\frac{\Delta\vec{L}}{\Delta t} = \vec{M} \quad \text{oder} \quad \Delta\vec{L} = \vec{M}\Delta t$$

In jedem kleinen Zeitabschnitt Δt addiert sich der Vektor $\Delta\vec{L} = \vec{M}\Delta t$ zum Vektor $\vec{L}_1$, so daß der Vektor $\vec{L}_2 = \vec{L}_1 + \Delta\vec{L}$ entsteht (B 11).

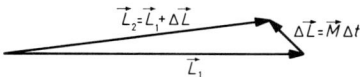

B 11 Der Drehimpulsvektor $\vec{L}_1$ wird durch ein Drehmoment $\vec{M}$ im Zeitintervall Δt zum Drehimpulsvektor $\vec{L}_2 = \vec{L}_1 + \Delta\vec{L}$ geändert.

Man muß sich klarmachen, daß die Vektoren $\Delta\vec{L}$ und $\vec{M}$ die gleiche Richtung haben, daß dies aber nicht für $\vec{L}$ und $\vec{M}$ zu gelten braucht.

Wir betrachten zwei *Spezialfälle*:

1. *Drehimpuls und Drehmoment sind gleich gerichtet* (B 12)

B 12 Drehimpuls $\vec{L}_1$ und Drehmoment $\vec{M}$ sind gleichgerichtet.

Der Vektor $\vec{L}_2 = \vec{L}_1 + \Delta\vec{L}$ hat die gleiche Richtung wie $\vec{L}_1$ und $\vec{M}$; nur der Betrag des Drehimpulsvektors ändert sich von L_1 in $L_2 = L_1 + M\Delta t$.

Versuch: Ein symmetrischer Kreisel erhält durch „Aufziehen" einen Drehimpuls (B 13).

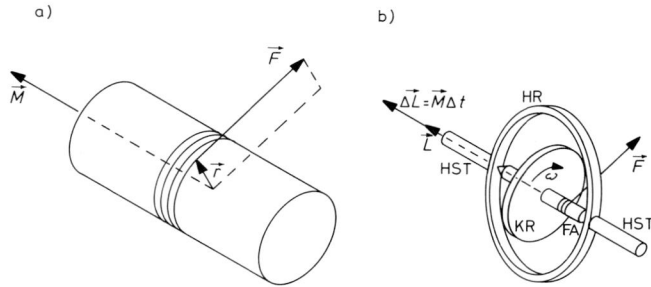

B 13   Zum Versuch:
　　　a) Drehmoment $\vec{M}$ beim Abziehen einer Schnur,
　　　b) Aufziehen eines Kreisels KR; FA ist die Figurenachse; HR ist ein Haltering; HST sind Haltestangen.

Wickelt man eine Schnur auf einen Kreiszylinder vom Radius r (B 13a) und zieht sie anschließend mit der Kraft $\vec{F}$ ab, so entsteht ein Drehmoment $\vec{M}$ vom Betrag $M = rF$ in Richtung der Zylinderachse.
Ein Kreisel KR (B 13b) ist in einem Haltering HR so gelagert, daß er sich nahezu reibungsfrei um seine Figurenachse FA drehen kann. Wir klemmen die beidseitigen Haltestangen HST fest und wickeln eine Schnur um die Figurenachse des Kreisels. Das beim Abziehen der Schnur entstehende Drehmoment $\vec{M}$ zieht den Kreisel auf, d. h. dieser erhält einen Drehimpuls $\vec{L}$. Wirkt in der Zeit Δt das Drehmoment $\vec{M}$ noch weiter, so wird $\vec{L}$ um $\Delta\vec{L}$ vergrößert. Die Vektoren $\vec{L}$, $\vec{M}$ und $\Delta\vec{L} = \vec{M}\Delta t$ sind gleichgerichtet; ihre Richtung liegt in der Figurenachse. Wickeln wir die Schnur in *umgekehrtem Drehsinn* auf die Figurenachse des Kreisels, so entsteht beim Abziehen ein Drehmoment $\vec{M}$ in umgekehrter Richtung; dadurch erhält auch der Drehimpuls $\vec{L}$ die umgekehrte Richtung.

2. *Drehimpuls und Drehmoment stehen aufeinander senkrecht* (B 14)

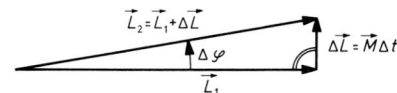

B 14   Drehimpuls $\vec{L}_1$ und Drehmoment $\vec{M}$ stehen aufeinander senkrecht.

Das Drehmoment $\vec{M}$ ändert die Richtung des Drehimpulses $\vec{L}_1$. Aus B 14 erkennt man:
Je kleiner das Zeitintervall Δt gewählt wird, desto weniger ändert sich der Betrag L_1 des Drehimpulses. Für kleine Δt ändert sich nur die Richtung des Drehimpulses $\vec{L}_1$.

Versuch: Ein Kreisel erhält durch ein Drehmoment eine *Präzessionsbewegung*[1] (B 15).

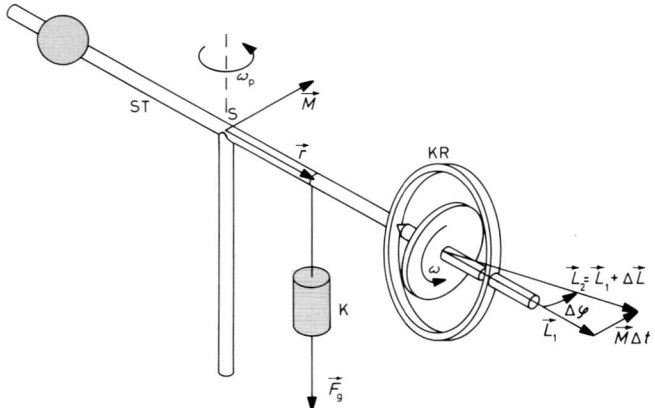

B 15 Versuch zur Präzessionsbewegung eines Kreisels; $\vec{L}_1 \perp \vec{M}$

Ein symmetrischer Kreisel KR ist um seine Figurenachse drehbar gelagert. Der Kreisel ist an einer Stange ST so befestigt, daß die Stangenachse und die Figurenachse des Kreisels zusammenfallen. Die Stange ist im Schwerpunkt S des ganzen Systems drehbar gelagert. Wir geben dem Kreisel durch Aufziehen einen Drehimpuls $\vec{L}_1$ in der angegebenen Richtung. Dann hängen wir im Abstand r von S einen Körper K an die Stange. Seine Gewichtskraft $\vec{F}_g$ bewegt den Kreisel keineswegs nach unten, wie man vielleicht erwarten könnte. Die Stange bleibt vielmehr horizontal und dreht sich um S so, daß sich der Kreisel nach hinten bewegt.
Hängen wir den Körper K auf die andere Stangenseite, so bewegt sich der Kreisel nach vorn.

Das Versuchsergebnis können wir allgemein erklären:
Das Drehmoment $\vec{M}$ der Gewichtskraft $\vec{F}_g$ steht dauernd senkrecht auf dem Drehimpuls $\vec{L}$ und ändert dauernd dessen Richtung. Da $\vec{M}$ und $\vec{L}$ in der Horizontalebene liegen, gilt dies auch für $\vec{L} + \vec{M}\Delta t$. Für die *Winkelgeschwindigkeit* ω_p *der Präzessionsbewegung* des Kreisels folgt aus B 14, wenn $L \neq 0$ ist:

$$|\Delta\varphi| = \frac{\Delta L}{L} = \frac{M\Delta t}{L}$$

$$\boxed{\frac{|\Delta\varphi|}{\Delta t} = |\omega_p| = \frac{M}{L}} \qquad L \neq 0 \qquad (G\ 9)$$

---

[1] prae*ce*dere (lat.) vorangehen

Mit der Versuchsanordnung von B 15 können wir G 9 bestätigen.

Versuch: Wir erteilen dem Kreisel verschieden große Drehimpulse $\vec{L}$. Je größer L ist, desto kleiner ist $|\omega_p|$ bei konstantem M. Wir erzeugen durch Ändern von $\vec{F}_g$ bzw. $\vec{r}$ verschieden große Drehmomente $\vec{M}$. Je größer M ist, desto größer ist $|\omega_p|$ bei konstantem L.

Aus G 9 folgt: Will man den Einfluß störender Drehmomente klein halten, muß man einem Kreisel einen möglichst großen Drehimpuls geben.

*15.8 Kreiselkompaß

Man könnte daran denken, einen kräftefreien Kreisel als Kompaß zu verwenden. Man müßte dann seine Figurenachse nach Norden ausrichten. Solange kein störendes Drehmoment auf den Kreisel einwirkt, behält er die Nord-Einstellung bei (s. 15.5). Wird aber durch irgendein unvorhergesehenes Drehmoment die Richtung der Kreiselachse geändert, so kehrt der Kreisel nicht „von selbst" wieder in die Nordrichtung zurück; u. U. merkt man die Richtungsänderung gar nicht. Deshalb verwendet man kräftefreie Kreisel nicht als Kompaß. Statt dessen nimmt man „*gefesselte*" *Kreisel*, bei denen sich die Figurenachse (zugleich Drehimpulsachse) nur in der Horizontalebene drehen kann. Dies kann z. B. mit einer Anordnung nach B 16 erreicht werden.

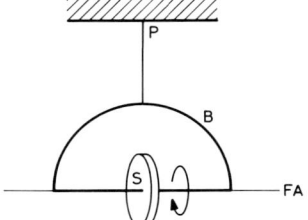

B 16   Gefesselter Kreisel:
Die Figurenachse FA ist an einem Bügel B befestigt. B ist drehbar im Punkt P aufgehängt. Der Schwerpunkt S liegt unterhalb von P. FA kann sich nur in der Horizontalebene drehen.

Die Wirkungsweise eines solchen Kreiselkompasses erläutern wir in drei Schritten:
1. Zunächst beachten wir, daß die Erde selbst ein Kreisel ist, der mit der Winkelgeschwindigkeit $\vec{\omega}_E$ um die Nord-Süd-Achse rotiert.

Durch die Erdrotation entsteht ein Drehmoment $\vec{M}$, das den auf der Erde ruhenden Stab im Raum um den Winkel ε dreht (B 17).
Der Betrag M dieses Drehmomentes ist bei den Überlegungen zur Wirkungsweise des Kreiselkompasses nicht wichtig. Von entscheidender Bedeutung ist jedoch die Richtung von $\vec{M}$; diese ist parallel zur Erdachse.

Das Drehmoment $\vec{M}$ wird ebenso durch seine Wirkung (B 17) erkannt, wie die Zentripetalkraft (s. 7).

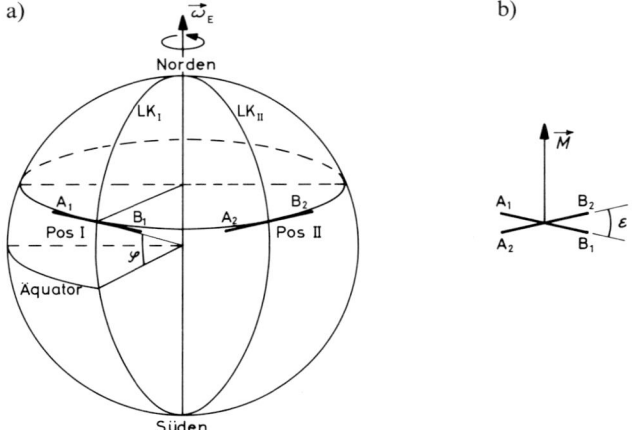

B 17 Ein Stab AB ruht in der geographischen Breite φ auf der rotierenden Erde tangential zum Breitenkreis.
  a) Ansicht der Erde mit zwei Positionen des Längenkreises LK_I und LK_{II}, auf dem sich der Stab befindet,
  b) räumliche Drehung des Stabes aus der Lage $A_1 B_1$ in die Lage $A_2 B_2$ durch ein Drehmoment $\vec{M}$

2. Wir betrachten nun den Einfluß des Drehmomentes $\vec{M}$ auf einen Kreiselkompaß, den wir uns jetzt an der Stelle des Stabes denken (B 18).

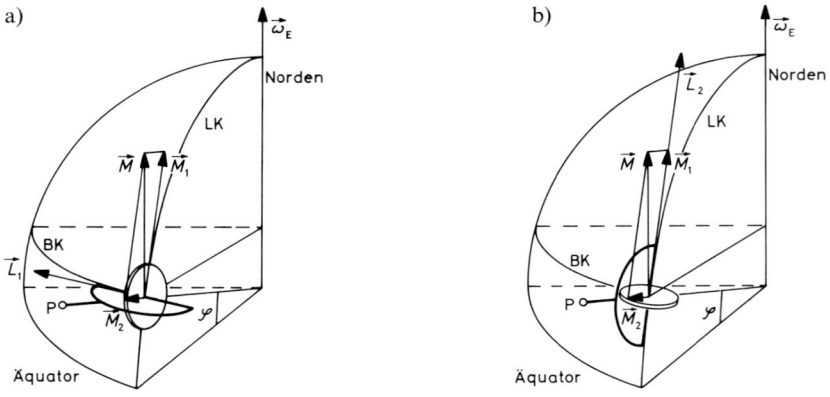

B 18 Kreiselkompaß auf dem Längenkreis LK in der geographischen Breite φ
  a) Ausgangslage: Figurenachse FA des gefesselten Kreisels tangential zum Breitenkreis BK,
  b) Endlage: Figurenachse FA des gefesselten Kreisels tangential zum Längenkreis LK

In der Ausgangslage liege die Figurenachse des Kreisels tangential zum Breitenkreis (B 18 a). Wegen der Fesselung des Kreisels in der Horizontalebene kann nur die Komponente $\vec{M}_1$ des Drehmomentes $\vec{M}$ die Richtung des Drehimpulsvektors $\vec{L}_1$ ändern, während die Komponente $\vec{M}_2$ lediglich eine Beanspruchung der Halterung bewirkt. Die Komponente $\vec{M}_1$ steht in der Ausgangslage senkrecht auf $\vec{L}_1$, so daß der Kreisel sofort eine Präzessionsbewegung ausführt. Diese dauert nur kurze Zeit, nämlich nur so lange, bis $\vec{L}_2 \parallel \vec{M}_1$ geworden ist (B 18 b). Die Figurenachse stellt sich also in Richtung der Tangente an den Längenkreis LK (Nord-Süd-Richtung) ein.

3. Wir machen uns klar, warum der Kreiselkompaß seine Figurenachse beim Weiterdrehen der Erde *laufend* nach Norden orientiert. Wie B 19 zeigt, ist nur dann $\vec{L} \parallel \vec{M}_1$, wenn die Figurenachse tangential zum Längenkreis gerichtet ist. Sollte die Achse durch irgend eine vorübergehende Störung aus dieser Richtung abgelenkt werden, so kehrt sie auf Grund unserer 2. Überlegung wieder in die gezeichnete Lage zurück.

Die Figurenachse des Kreisels ist in den drei Positionen von B 19 auf den gleichen Punkt der Erdachse ausgerichtet. Dieser Punkt ist der Schnittpunkt der Tangenten an den Längenkreis zu den verschiedenen Tageszeiten. Im Laufe eines Tages läuft die Figurenachse einmal auf dem Mantel eines Kegels um, dessen Spitze dieser Punkt ist und dessen Grundkreis der Breitenkreis ist.

Die *Richtwirkung* des Kreiselkompasses ist am stärksten in Äquatornähe; denn dort ist $\vec{M}_1 = \vec{M}$ und $\vec{M}_2 = 0$. Zum Nordpol hin wird die Richtwirkung immer kleiner. Am Nordpol selbst verschwindet sie ganz, weil dort $\vec{M}_1 = 0$ und $\vec{M}_2 = \vec{M}$ ist. Der *Kreiselkompaß versagt* also *am Nordpol* ebenso wie der Magnetkompaß. Der Kreiselkompaß wird jedoch nicht wie der Magnetkompaß von ferromagnetischen Körpern beeinflußt.
Der Kreiselkompaß hat eine *Mißweisung*, wenn er sich *auf einem bewegten Fahrzeug* befindet. Es ist dann nämlich nicht mehr die Winkelgeschwindigkeit $\vec{\omega}_E$ der Erde allein, sondern auch

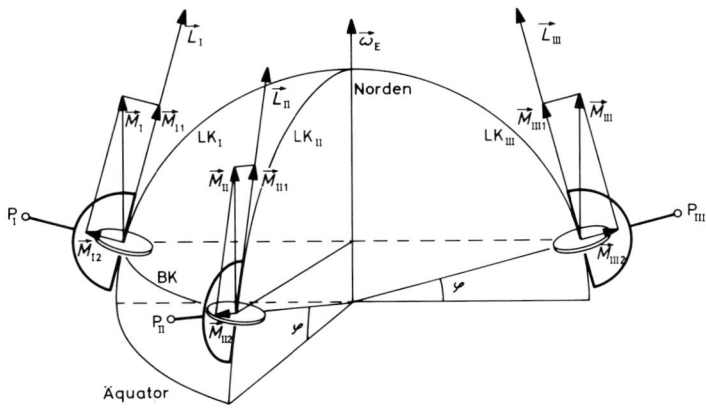

B 19 Kreiselkompaß auf dem Längenkreis LK in der geographischen Breite φ zu drei verschiedenen Zeiten in den Positionen I, II und III

die Winkelgeschwindigkeit $\bar{\omega}_F$ des Fahrzeugs für das Drehmoment $\vec{M}$ und damit für die Einstellung der Kompaßachse maßgebend. Bei Schiffen kann die Mißweisung einige Winkelgrad betragen, bei Flugzeugen entsprechend mehr. Zur Korrektur der Mißweisung dienen Tabellen.

Aufgaben zu 15

1. Berechnen Sie den Drehimpuls und die Rotationsenergie der Erde bei der Drehung um die eigene Achse unter Verwendung der Tabelle in 10.3! Die Erde kann als Kugel angesehen werden. Eine Kugel mit der Masse m und dem Radius r hat das Trägheitsmoment $J = \frac{2}{5} mr^2$.

   $(7{,}1 \cdot 10^{33} \text{ kg m}^2 \text{ s}^{-1}; \quad 2{,}6 \cdot 10^{29} \text{ J})$

2. Eine Versuchsperson sitzt auf einer Drehscheibe (s. B 2) und hält im Abstand 0,80 m von der Drehachse je eine Hantel der Masse 4,5 kg. Das Trägheitsmoment der Versuchsperson und der Drehscheibe kann als konstant gleich 3,8 kg m² angenommen werden. Die Drehscheibe rotiert mit der Winkelgeschwindigkeit π rad s^{-1}. Die Versuchsperson zieht die Hanteln an den Körper, so daß sie nur noch 0,15 m von der Drehachse entfernt sind. Berechnen Sie die neue Winkelgeschwindigkeit!

   $(7{,}5 \text{ rad s}^{-1})$

3. Auf einer Drehscheibe ist konzentrisch das kreisförmige ($r = 0{,}45$ m) Gleis einer elektrischen Spielzeug-Eisenbahn befestigt. Darauf steht eine Lokomotive ($m = 0{,}12$ kg). Nach dem Einschalten des Stromes bewegt sich die Lokomotive nach kurzer Beschleunigung mit konstanter Geschwindigkeit ($v = 0{,}11$ m s^{-1}) relativ zur Unterlage, auf der die Drehscheibe steht. Das Trägheitsmoment der Scheibe samt dem Gleis ist $3{,}2 \cdot 10^{-2}$ kg m². Die Lokomotive kann als punktförmiger Körper angesehen werden. Die Reibung soll unberücksichtigt bleiben. Berechnen Sie
a) die Winkelgeschwindigkeit der Drehscheibe,
b) die Geschwindigkeit der Lokomotive relativ zum Gleis!

   $(-0{,}19 \text{ rad s}^{-1}; \quad 0{,}19 \text{ m s}^{-1})$

4. Zwei Kreiszylinder-Scheiben (m_1, r_1 bzw. m_2, r_2) rotieren mit verschiedenen Winkelgeschwindigkeiten ω_1 und ω_2 um die gleiche Achse (B 20). Zwischen den Scheiben befindet sich eine – zunächst offene – Kupplung.
Werden die rotierenden Scheiben zusammengekuppelt, so erfolgt ein *Drehstoß*. Technisch interessiert nur der *unelastische* Drehstoß. Bei ihm bleiben die Scheiben zusammengekuppelt und laufen mit gemeinsamer Winkelgeschwindigkeit ω_{gem} weiter.
4.1 Geben Sie die Gleichung für ω_{gem} an, indem Sie in G 7 von 5 die analogen Größen der Drehbewegung einsetzen!

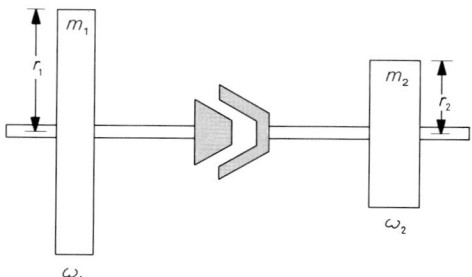

B 20   Zu Aufgabe 4

4.2 Geben Sie auf die gleiche Weise den Verlust an mechanischer Energie beim unelastischen Drehstoß an!
4.3 Berechnen Sie ω_{gem} für folgende Werte:

$m_1 = 1{,}2$ kg; $r_1 = 15$ cm; $m_2 = 1{,}6$ kg; $r_2 = 8{,}0$ cm;
$\omega_1 = 25$ rad s^{-1}; $\omega_2 = 15$ rad s^{-1}

4.4 Wie groß ist die Reibungsarbeit in der Kupplung bei den in 4.3 angegebenen Werten?

$(\omega_{gem} = \dfrac{\omega_1 J_1 + \omega_2 J_2}{J_1 + J_2};\quad E = \dfrac{J_1 J_2}{2(J_1 + J_2)} (\omega_1 - \omega_2)^2;\quad 22$ rad s^{-1}; $0{,}19$ J$)$

5. Ein Rad ist fest mit einer langen dünnen Achse verbunden und an zwei dünnen Fäden aufgehängt (B 21). Beim Drehen des Rades wickeln sich die Fäden auf oder ab. Dabei steigt das Rad (*Maxwell-Rad*) nach oben oder sinkt nach unten.

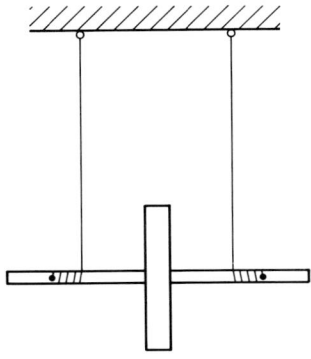

B 21   Zu Aufgabe 5; Maxwell-Rad

Ein Maxwell-Rad (Rad und Achse zusammen) habe die Masse 0,24 kg; der Durchmesser der Achse sei 6,4 mm. Der Schwerpunkt des Rades wird durch Aufwickeln der Fäden aus seiner tiefsten Lage um 0,84 m gehoben. In dieser höchsten Lage wird das Rad zunächst festgehalten und dann losgelassen. Der Schwerpunkt des Rades sinkt mit konstanter Beschleunigung nach unten; gleichzeitig rotiert das Rad mit konstanter Winkelbeschleunigung. Nach 2,9 s erreicht es seine tiefste Lage. Die Fäden sind vollständig abgewickelt. Das Rad rotiert aber weiter, so daß die Fäden wieder aufgespult werden. Daher steigt das Rad wieder nach oben.
Das Maxwell-Rad steigt (fast) wieder zur Ausgangshöhe. Anschließend bewegt es sich wieder abwärts usw. Der Schwerpunkt führt also eine lineare Schwingung aus.
Bei den folgenden Rechnungen soll von den Auswirkungen der Reibung abgesehen werden.
5.1 Wie verhält sich die Sinkzeit des Maxwell-Rades zur Fallzeit für den freien Fall bei gleichem Höhenunterschied?
5.2 Berechnen Sie die Beschleunigung des Schwerpunktes und die Winkelbeschleunigung des Rades
a) für die Abwärtsbewegung,
b) für die Aufwärtsbewegung!
5.3 Geben Sie die Bewegungsgleichungen für 5.2a und 5.2b an!
5.4 Zeichnen Sie das Zeit-Ort-Diagramm, das Zeit-Geschwindigkeit- und das Zeit-Beschleunigung-Diagramm der linearen Schwingung des Schwerpunkts! Vergleichen Sie mit den entsprechenden Diagrammen der linearen harmonischen Schwingung zwischen der gleichen Höhendifferenz bei gleicher Schwingungsdauer!

5.5 Setzen Sie den Energieerhaltungssatz an und berechnen Sie daraus das Trägheitsmoment des Maxwell-Rades!
5.6 In welchem Verhältnis steht die Translations- zur Rotationsenergie? Wie groß sind beide Anteile, wenn das Rad unten ankommt?
5.7 Welche Kraft beschleunigt den Schwerpunkt während der Abwärtsbewegung? Setzen Sie die durch diese Kraft während des Sinkens bewirkte Impulsänderung an! Berechnen Sie daraus die Geschwindigkeit beim Erreichen der tiefsten Lage und vergleichen Sie mit dem Ergebnis von 5.2!
5.8 Welches Drehmoment wirkt während der Abwärtsbewegung auf das Rad? Setzen Sie die durch dieses Drehmoment entstehende Änderung des Drehimpulses an! Berechnen Sie daraus die Winkelgeschwindigkeit in der tiefsten Lage und vergleichen Sie mit dem Ergebnis von 5.2!

(7,0 : 1; 0,20 m s^{-2}; 62 rad s^{-2}; $-0,20$ m s^{-2}; -62 rad s^{-2}; $v = 0,20$ m s$^{-2} \cdot t$; $h = 0,10$ m s$^{-2} \cdot t^2$; $\omega = 62$ rad s$^{-2} \cdot t$; $\varphi = 31$ rad s$^{-2} \cdot t^2$; $v = 0,58$ m s$^{-1} - 0,20$ m s$^{-2} \cdot t$; $h = 0,84$ m $- 0,10$ m s$^{-2} \cdot t^2$; $\omega = 1,8 \cdot 10^2$ rad s$^{-1} - 62$ rad s$^{-2} \cdot t$; $\varphi = 2,6 \cdot 10^2$ rad $- 31$ rad s$^{-2} \cdot t^2$; $1,2 \cdot 10^{-4}$ kg m^2; 1 : 48; 0,040 J; 1,9 J; 0,048 N; 0,58 m s^{-1}; $7,4 \cdot 10^{-3}$ N m; $1,8 \cdot 10^2$ rad s^{-1})

Personen- und Sachverzeichnis

Analogien 9, 15, 21, 23
abgeschlossenes System 32
Arbeit 20f
axialer Vektor 30f

Bahnbeschleunigung 9
Bahngeschwindigkeit 6, 9
Beschleunigung, Winkel- 8ff, 21, 26ff
Beschleunigungsarbeit 21
Bewegung, Dreh- 4ff
Bewegung, geradlinige 6ff, 15, 20ff
Bewegung, Roll- 10, 22
Bewegungsenergie 21ff
Bewegungsgleichungen 8f
Bewegungsmeßwandler 8f

cardanische Aufhängung 32
Cardano 32

Diagramme 7, 14
Dreharbeit 20f
Drehbewegung 4ff
Drehimpuls 26ff, 39
Drehimpulsänderung 29f
Drehimpulserhaltungssatz 27ff
Drehimpulsvektor 33ff, 39
Drehmasse 15
Drehmoment 12ff, 20f, 23, 26ff
Drehmomentvektor 33ff
Drehpendel 23f
Drehschwingung 23
Drehsinn 28
Drehwinkel 5ff, 13f, 20f, 23

Elastizität 23
Elongation 23
Energieerhaltungssatz 22
Energie, kinetische 21ff
Energie, potentielle 22f
Energie, Rotations- 21f
Erhaltungssatz der Energie 22
Erhaltungssatz des Drehimpulses 27ff
Erhaltungssatz des Drehimpulsvektors 31
Erhaltungssatz des Impulses 27

Federhärte 23
Federpendel 23
Figurenachse 30ff, 35ff
Frequenz 6

gefesselter Kreisel 37ff
geradlinige Bewegung 6ff, 15, 20ff
Geschwindigkeit, Bahn- 6, 9
Geschwindigkeit, Winkel- 5ff, 21, 26ff, 36f, 39f
Gleichungen, Bewegungs- 8f
Grundgesetz der Drehbewegung 15f, 21, 26, 30
Grundgesetz von Newton 15f

Hantelmodell 16f
harmonische Schwingung 23
Hohlzylinder 17, 22

Impuls 26
Impuls, Dreh- 26ff, 39
Impulserhaltungssatz 27
Impulserhaltungssatz, Dreh- 27ff

kinetische Energie 21ff
Körper, punktförmiger 16, 20
Kompaß, Kreisel- 37ff
kräftefreier Kreisel 32, 37
Kraft 12f, 15f, 20f, 23
Kraftarm 12f, 16f, 20
Kreisel 32ff
Kreisel, gefesselter 37ff
Kreisel, kräftefreier 32, 37
Kreiselkompaß 37ff

Masse, Dreh- 15
Mißweisung 39f
mittlere Winkelgeschwindigkeit 7
momentane Winkelgeschwindigkeit 7

Newton, Kraftgesetz 15f

Ortskoordinate 9

Pendel, Feder- 23
potentielle Energie 22f
Präzessionsbewegung 36, 39
punktförmiger Körper 16, 20

Registrierung 6ff
Richtgröße 23
Richtgröße, Winkel- 23f
Rollbedingung 10, 22
Rollbewegung 10, 22
Rotationsenergie 21f

Schwingung, harmonische 23
Schwingungsdauer 23f
Schwungrad 26
System, abgeschlossenes 32

Trägheitsmoment 15ff, 21f, 24ff
Trägheitssatz 27
Trägheitssatz für Drehbewegungen 26ff

Umlaufdauer 6

Vektor, axialer 30f
Vektor, Drehimpuls- 33ff, 39
Vektor, Drehmoment- 33ff
Vektor, Winkelgeschwindigkeits- 30ff, 37, 40
Vollzylinder 18

Winkel, Dreh- 5ff, 13f, 20f, 23
Winkelbeschleunigung 8ff, 21, 26ff
Winkelbeschleunigung-Drehmoment-Diagramm 14
Winkelgeschwindigkeit 5ff, 21, 26ff, 36f, 39f
Winkelgeschwindigkeit, mittlere 7
Winkelgeschwindigkeit, momentane 7
Winkelgeschwindigkeitsvektor 30ff, 37, 40
Winkelrichtgröße 23f

Zeit-Drehwinkel-Diagramm/Funktion 6ff, 13f
Zeit-Winkelgeschwindigkeit-Diagramm/Funktion 6ff